Mercedes-Benz
정비이야기 50

모준범 지음

1

GoldenBell

★ **불법복사는 지적재산을 훔치는 범죄행위입니다.**

저작권법 제97조의 5(권리의 침해죄)에 따라 위반자는 5년 이하의 징역 또는 5천만원 이하의 벌금에 처하거나 이를 병과할 수 있습니다.

머리말 p·r·e·f·a·c·e

Mercedes-Benz, 현장 정비 사례를 펴내면서....

한국의 수입차 시장이 열릴 무렵부터 오직 'Mercedes-Benz' 차량의 이론을 접하고 현장 실무에 임하면서 다양한 내용의 비망록을 어렵게 풀어 놓는다.

개인적으로 수입차 중에서도 유독 Mercedes-Benz에 애정을 쏟은 것은 세계 최고 브랜드라는 유명세도 있었지만 최첨단 안전 기술을 장착한다는 매력이 우선했다는 점이다. 수입차 초기에만 하더라도 Mercedes-Benz 구매율이 이렇게까지 급성장하리라 예상치 못했다. 이젠 대한민국이 세계적으로도 손에 꼽히는 수입차 대국이라는 것이다.

흥미로운 사실은 한번 수입차를 구매한 사람은 반드시 재구매로 이어진다는 것이다. 따라서 중고차 시장에서도 Mercedes-Benz만큼은 최고의 대우를 받는다.

수입차 기술 교육의 현실은 공식 서비스센터에서 주기적으로 교육을 이수하고 숙련된 선배 정비사로부터 기술 습득하기를 희망한다. 여기에 수록한 내용은 2019년 호주 최대 공식서비스센터 'Mercedes-Benz Sydeny'에서 입고된 Mercedes-Benz를 때로는 심플하게, 때로는 몇 날을 씨름하면서 진단한 내용들로 엮었다.

증상이 재발되어 고객 불만이 고조된 경우도 수록하였고, 숙련된 기술력이 요구되는 특별한 진단 내용도 틈틈이 실었다. Mercedes-Benz 정비 초심자에게는 다소 이해하기 힘들겠지만, 진단 과정이나 시스템을 알고 있는 정비사들에겐 좋은 길잡이가 되리라 믿는다. 여기에 Mercedes-Benz에만 쓰이는 고유 용어들은 해당 페이지 하단부에 팁으로 처리했다.

참고로 호주의 자동차 운전석은 우측에 위치해 있다. 필자는 이 책의 집필 동기라면 '재능기부' 차원에서다. 이 책을 잡은 독자에게겐 팍팍한 현장 생활에 희망찬 등불이 되었으면 한다.

2020년 10월 모준범

이 책의 순서 contents

들어가는 글　　　　　　　　　　　　　　　　　　　　　　　　　　　008

January
- 01. `156` 기어 변속 시 지연되거나 갑자기 충격이 발생한다　　012
- 02. `166` 냉각수의 누수가 발생한다　　018
- 03. `204` 엔진 시동이 걸리지 않는다　　022
- 04. `204` 엔진 경고등이 점등하였다　　027
- 05. `204` 동반석 시트가 앞뒤로 조절이 되지 않는다　　032
- 06. `190` 차량 잠금이 되지 않는다　　036
- 07. `205` 스티어링 휠 부근에서 떨림 소음이 발생한다　　040
- 08. `246` 엔진 경고등이 점등하였다　　044
- 09. `253` ECO 기능이 작동하지 않는다　　049
- 10. `166` 외부 업체가 전기 장치의 리셋을 요청하였다　　054

February
- 11. `253` 스티어링 칼럼이 상하로 조절이 되지 않는다　　060
- 12. `176` 리어 좌측 윈도우 가이드가 변형이 되었다　　063
- 13. `221` 엔진 시동이 걸리지 않는다　　066
- 14. `207` 에어컨이 작동하지 않는다　　071
- 15. `190` 운전석 사이드 스피커에 이상 소음이 발생한다　　075
- 16. `205` 계기판의 경고등이 점멸한다　　078
- 17. `166` 냉각수가 누수된다　　083
- 18. `210` 동반석에서 더운 바람이 나온다　　087

19.	166	계기판에 SRS 기능 이상 경고등이 점등하였다	090
20.	207	소프트 탑이 작동 중에 멈춘다	094

March

21.	205	차량 가속이 불량하고 변속이 지연된다	097
22.	238	리어 카메라가 작동하지 않는다	101
23.	172	간헐적으로 오디오 시스템이 작동하지 않는다	106
24.	204	운전석 시트 릴리스 핸들이 손상되었다	112
25.	230	운전석 시트가 작동하지 않는다	115
26.	203	엔진 경고등이 점등하였다	118
27.	246	냉각수가 누수된다	123
28.	463	리어 좌측 도어락의 작동이 불량하다	126
29.	463	보조 배터리 경고등이 점등하였다	129

April

30.	221	엔진 시동이 걸리지 않는다	132
31.	156	엔진 경고등이 간헐적으로 점등한다	142
32.	463	엔진 시동이 걸리지 않는다	149
33.	218	둔덕 넘을 때 앞에서 비비는 소음이 발생한다	153
34.	176	엔진 시동 시에 끽끽 소음이 발생한다	156

| 35. | 251 | 에어매틱 경고등이 점등한다 | 159 |
| 36. | 222 | 동반석 시트의 메모리 기능이 작동하지 않는다 | 166 |

May

37.	204	엔진 경고등이 점등하였다	170
38.	205	엔진 경고등이 점등하였다	174
39.	164	엔진 경고등이 점등하였다	179
40.	257	SRS 경고등이 점등하였다	186

June

| 41. | 253 | 리모컨 키로 차량 문이 간헐적으로 열리지 않는다 | 190 |

July

| 42. | 246 | 엔진 경고등이 점등하였다 | 197 |
| 43. | 211 | 턴시그널 레버를 작동 후 원위치 되지 않는다 | 201 |

August

| 44. | 219 | 히터가 작동하지 않는다 | 204 |
| 45. | 205 | 보조 배터리 경고등이 점등하였다 | 209 |

September 46. 166 AdBlue(요소수) 경고등이 점등하였다　　　213

October 47. 212 엔진 경고등이 점등하였다　　　219

November 48. 222 보조 배터리 경고등이 점등하였다　　　225
49. 205 액티브 보닛 기능 이상 경고 메시지가 점등하였다　　　230

December 50. 176 ESP, 브레이크, 엔진 등 각종 경고등이 점등하였다　　　236

주요 사용 진단기　　　242

주요 약어　　　243

저자 약력　　　244

들어가는 글 i·n·t·r·o·d·u·c·t·i·o·n

필자는 공식적으로 2018년 11월부터 호주의 시드니에 위치한 Mercedes-Benz Sydney 회사에서 Diagnostic Technician으로 지금까지 근무하고 있습니다. 본사는 LSH Auto Group 소속입니다.

1 처음 부여받은 잡카드, 무난하게 처리하다.

처음 워크숍 컨트롤러로부터 부여받은 잡카드는 207차량의 정기점검을 실시하는 작업이었습니다. 한동안 정비를 하지 않고 있었으나, 할당된 차량은 내게 수년간 친근한 차량이라서 무리 없이 처리하였습니다. 엔진오일, 먼지 필터, 변속기 오일, 와이퍼 블레이드, 브레이크 오일, 브레이크 패드, 디스크 교환 작업 등은 처음 입사한 내게는 이미 수년간 자연스럽게 손에 익은 일이였을 뿐이었습니다.

2차로 받은 잡카드는 205차량이었는데 이전 작업자가 리어 동반석 윈도우가 미작동으로 진단하고 윈도우 스위치를 주문해 둔 차량이었습니다. 막상 부품을 받아 교환할 찰나에 자세히 보니, 윈도우 스위치 커넥터 전기 배선의 핀 하나가 빠져 있는 것이었습니다.

주로 전기 커넥터를 탈거하는 경우 커넥터 암수의 핀 상태와 커넥터 앞뒤의 위치를 항상 확인하는 습관 때문에 본능적으로 확인하게 된 것입니다. 왜냐하면 누구나 오진을 내려서 작업을 달리 할 수 있기 때문입니다.

위의 상황을 팀장에게 문의하니까 "고칠 수 있느냐?"고 물어 보길래 "새로운 커넥터 핀만 있으면 가능하다"고 답변하였습니다. 그런 다음 팀장으로부터 승인을 받고 부품과에서 새로운 커넥터 핀을 수령하였습니다.

변형된 핀을 커넥터로부터 조심스럽게 분리한 다음 새로운 핀을 삽입하여 배선 수리를 마쳤습니다. 아울러 점검 시에 배선의 위치가 팽팽하게 긴장을 받길래 전기 배선을 느슨하게 하는 것도 잊지 않았습니다.

2 일반적인 정비 작업으로 들어가다.

이렇게 호주에서의 생활과 회사에서의 생활은 시작되었습니다. 이후에 203차량의 동반석 도어록을 교환하는 작업을 하였습니다. 차량 잠금시 도어록이 상하로 오르락내리락을 반복하면서 도어록이 정상적으로 작동되지 않았기 때문입니다.

- ☑ #166차량의 엔진 경고등이 점등되었습니다. 진단기로 점검 후 가이드 테스트를 실시하고 OM 651 엔진의 산소 센서를 교환하였습니다.

- ☑ #213차량의 스티어링 휠의 틸팅이 되지 않아서 스티어링 컬럼의 기어 링을 교환하였습니다.

- ☑ #205차량의 배터리 경고등이 점등되었습니다. 진단기로 점검 후 가이드 테스트를 실시하여 배터리를 교환하였습니다.

- ☑ #246차량의 타이어 압력 경고등과 ESP 경고등이 점등되어 확인해 보니 타이어 4개가 모두 20 PSI 이하였습니다. 차주가 몇 년간 타이어 압력 점검을 실행하지 않는 듯합니다. 모든 타이어의 공기압을 규정으로 맞추고 타이어 공기압을 세팅한 후 출고하였습니다.

- ☑ #117차량의 모든 브레이크 패드와 디스크 점검 후 패드와 디스크 교환 작업을 하였습니다.

- ☑ #204차량의 'B' Service를 실시하였습니다.

들어가는 글

약 일주일간 진행된 작업을 분류해 보면 대부분 일반적인 상태의 정비 작업이었습니다. 두뇌의 회전과 충분한 지식이 필요 없는 단순 교환 작업들을 하다 보니 작업은 수월하지만 가끔은 뭔가 좀 심심한 내용이라고 생각이 들기도 하면서 회사 생활에 적응되고 있었지요.

물론 필자도 국내에서 근무하던 시절에 난이도가 낮은 것부터 높은 것까지 작업의 경중을 분류하여 실시하고, 어려운 것은 역량이 충분한 작업자에게 잡카드를 부여하곤 하였습니다. 이러한 상황은 전세계 어디가나 불변인 듯합니다.

3 전문적인 진단 기술이 필요하다.

그렇다면 과연 전문적인 진단 기술이 필요한 것은 어떤 작업일까요? 그리고 전문적인 진단은 누가 해야 하나요?

일반적으로 정비사는 5년 이하 작업자, 5~10년 작업자, 10년 이상 작업자로 분류합니다. 예전이나 지금이나 작업장의 운영 상황은 주로 작업장의 경력으로 선임이 결정됩니다.

신차 문제, 재 수리건, 현재 작업에 대한 지식이 없거나 확신이 없는 경우 등등, 전문적인 지식과 풍부한 경험을 바탕으로 작업에 적합한 정비사가 고난이도 진단작업을 실행해야 합니다.

결국 회사에서 오래 근무한 선임자가 하거나, 주기적으로 최신 기술 교육을 수료한 정비사가 전문적인 진단 작업을 담당하는 것이 통상적입니다. 물론 공인인증교육을 수료한 진단 전문가 자격이 있는 정비사가 회사에 소속되어 있는 경우, 해당 전문가가 진단작업을 실행하는 것이 적합합니다.

    일반적으로 신차의 결함을 확인하더라도 오래된 경험에서 판단하는 경우가 종종 있습니다. 오래된 차량부터 신차까지 자동차 기술은 꾸준히 발전되어 왔습니다. 물론 앞으로도 자율주행 자동차로 목표로 하고 있고, 공해가 없는 차량을 추구하고 있습니다. 우리는 이러한 자율주행 차량을 위해서 기술을 습득하고, 과도기적인 차량을 진단 수리해야 하는 기로에 서 있습니다.

4 진단 장비와 용어의 표현들...

    필자는 Mercedes-Benz 공식 서비스 센터에서 주로 근무하였으므로 진단 장비는 Xentry tester(Mercedes-Benz 진단기)로 진단하고, 멀티미터는 Fluke multimeter를 사용하였습니다.

    WIS(Workshop Information System)으로 차량 정비시 준비사항, 위험요소주의, 작업방법 그리고 시스템의 원리 등의 다양하고 구체적인 정보를 제공해줍니다.

    EPC(Electronic Part Catalogue)는 차량의 부품을 찾는 프로그램입니다.

    주로 사용되는 용어나 명칭도 원문으로 전달하는 것이 최선이지만 독자와의 상호정보전달 방식에 한계가 있기 때문에 가능하면 한글로 변환하여 표현하려고 노력하였습니다. 해당 차량은 수입차이므로 어쩔 수 없이 최소한의 영어로 사용하였음을 양지해주기 바랍니다. 감사합니다.

2020년 10월 모준범

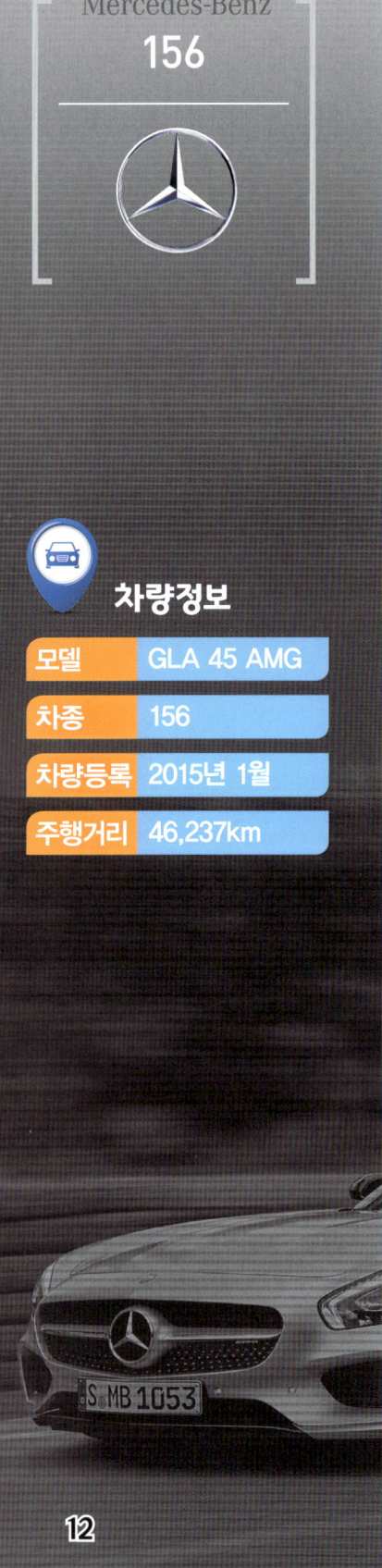

Mercedes-Benz
156

차량정보

모델	GLA 45 AMG
차종	156
차량등록	2015년 1월
주행거리	46,237km

01
기어 변속 시 지연되거나 갑자기 충격이 발생한다

고객불만

지난 서비스 이후 차량이 주행 중 변속 시에 변속이 지연되거나, 갑자기 충격이 발생한다.

그림 1.1 156 차량 전면

1. 기어변속 지연과 충격 발생

진 단

1 고객의 불만을 인식하고 시운전 시 특이 사항을 발견하기 어려웠다.

2 Xentry 전용 진단기를 사용하여 전자 시스템을 점검하였다.

3 그림 1.2는 N3/10(엔진 컨트롤 유닛) 내부의 고장 코드를 보여주고 있다. 엔진 컨트롤 유닛에 P13C900, P13C273, P13C271, P152300, P04F000 등 5개의 고장 코드를 확인하였다. 특히 P13C271은 The exhaust flap has a malfunction(배기 파이프 플랩에 기능 이상이 발생하였다), The actuator is blocked.(액츄에이터가 고정되었다) – Current(현재형)으로 확인하였다.

■ 주요 약어
- N3/10
  엔진 컨트롤 유닛
- M16/59
  배기 플랩 액츄에이터 모터
- Y3/14n4
  DCT 변속기 컨트롤 유닛

```
> N3/10 - Motor electronics 'MED40AMG' for combustion engine 'M133' (ME)
Version | Error codes / Events | Actual values | Actuations | Adaptations | Control unit log | Special procedures | Tests | Symptoms
+ P13C900  The exhaust flap has a short circuit to ground. _                                                    STORED
+ P13C273  The exhaust flap has a malfunction. The actuator does not open. _                                   STORED
+ P13C271  The exhaust flap has a malfunction. The actuator is blocked.                                        CURRENT
+ P152300  The check valve of the evaporative emission control system (at partial load) is jammed open. _      STORED
+ P04F000  Wide open throttle regeneration of the activated charcoal canister has a malfunction. _             STORED
```

☑ 그림 1.2 N3/10 (엔진 컨트롤 유닛) 내부 고장 코드

4 우선 고장 코드 P13C271로 가이드 테스트를 실시 중에 전용 진단기는 M16/59 (Exhaust flap actuator motor, 배기 플랩 액츄에이터 모터)의 단품 점검을 제시 하였다. 물론 배기 플랩 액츄에이터 모터와 관련된 고장 코드는 2개를 더 보여주고 있으므로 이에 관련된 기능의 이상이 발생되었음을 미루어 짐작할 수 있었다.

5 특히 고객의 불만은 주행 중의 변속 문제로 상태를 제기하고 있으므로 배기 플랩은 엔진 회전수에 따라서 변동되어 작동하기 때문에 서로 밀접한 관련이 있다고 볼 수 있다.

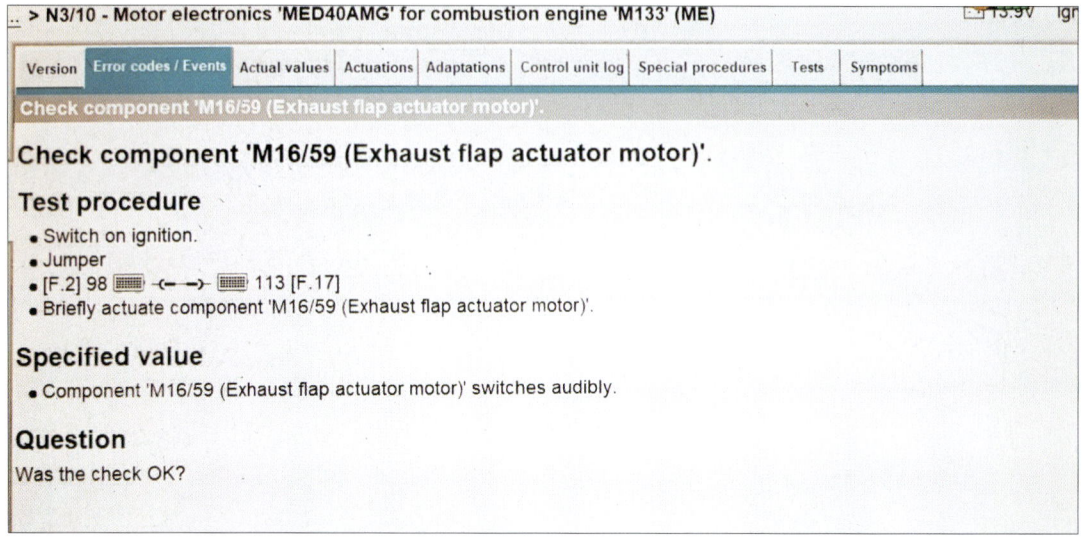

✅ 그림 1.3 배기 플랩 액츄에이터 모터의 가이드 테스트

6 차량을 리프트에 띄우고 배기 파이프 라인을 육안 점검 하였으나 외부 손상은 없었다.

✅ 그림 1.4 배기 플랩 액츄에이터 모터의 위치

7 가이드 테스트에 의거하여 배기 플랩 액추에이터를 작동 점검 하였으나 작동 소음이 확실하게 들리지 않았다. 배기 플랩 액추에이터를 탈착하여 단품 점검을 실시하였다.

☑ 그림 1.5 배기 플랩 탈착 후

☑ 그림 1.6 배기 파이프 플랩 모터 탈착 후

8 배기 파이프 플랩 모터를 탈착한 후 스프링 링크가 손상되어 있음을 확인하였다. 배기 파이프 플랩의 밸브 회전축을 점검 시 이상은 없었다.

 배기 플랩은 가속 시 차량의 배기 음을 즐기면서 운행하기 위한 추가적 옵션 장치이다. 주로 AMG 차량이나 배기량 큰 엔진 장착 차량에 주로 옵션으로 장착되어 있다.

☑ 그림 1.7 배기 파이프 플랩 모터의 스프링 링크 손상

9. 배기 파이프 플랩 모터와 스프링 링크를 교환하였다. 변속기 컨트롤 유닛의 소프트웨어를 점검해보니 새로운 소프트웨어가 확인되어 업데이트를 실시하고, 변속기 컨트롤 유닛의 표준화와 어뎁테이션 작업을 실시하였다.

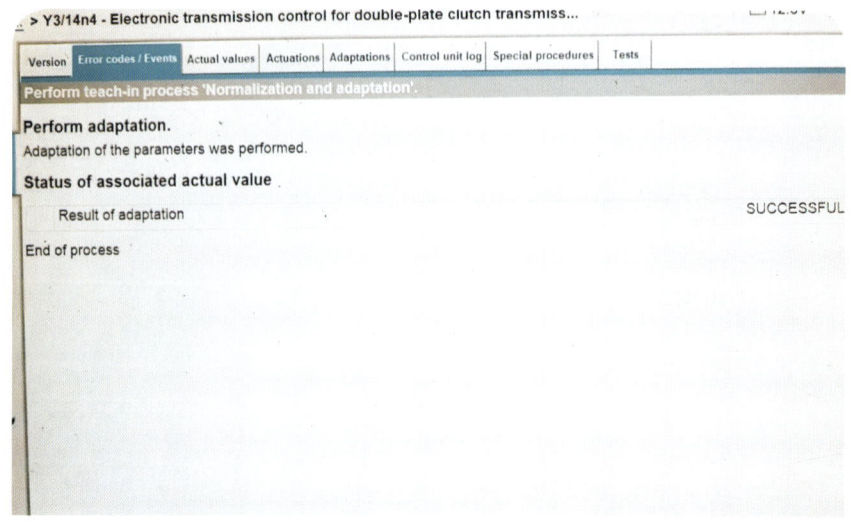

☑ 그림 1.8 변속기 컨트롤 유닛의 표준화와 어뎁테이션 실시 완료

1. 기어변속 지연과 충격 발생

트러블의 원인과 수정사항

원인

1. 배기 파이프 플랩 모터에 연결된 스프링 링크의 손상이 발생하였다.
2. 변속기 컨트롤 유닛의 소프트웨어와 어뎁테이션이 불완전하다.

수정사항

1. **배기 파이프 플랩 모터와 스프링 링크를 교환**하였다.
2. Xentry 진단기로 변속기 컨트롤 유닛의 **소프트웨어 업데이트와 어뎁테이션을 실시**하였다.

참고

1. 엔진과 변속기는 동일 선상의 통신 라인에 있으므로 실시간으로 밀접하게 작동된다.
2. 엔진에 기능의 이상이 발생하여도 변속 충격이 발생될 수 있으므로 항상 동일하게 점검 확인해야 한다.
3. 엔진 컨트롤 유닛과 변속기 컨트롤 유닛은 가능하다면 최신의 소프트웨어로 업데이트를 권장한다. 하지만 현재까지의 경험상 엔진 소프트웨어 업데이트 작업은 환경법적인 이유로 배출가스 규제 사양에 맞추어 연료 분사량을 낮추는 등의 변경된 소프트웨어를 포함하고 있다.
4. 초기 출고시와는 약간 변경된 소프트웨어를 포함하고 있으므로 엔진 소프트웨어 업데이트를 실시하기 전에 미리 고객에게 이를 고지하고 작업을 실시하기를 권장한다.
5. 민감한 고객은 업데이트 이후 차량에 힘이 없다고 하거나 배기음이 변경되었다고 불만을 제기하므로 주의하도록 한다.

공식 서비스 센터의 시간당 공임은 약 10만원이며, ASRA 점검 시 1.0이 한 시간이다. 그러므로 0.5 정도라면 5만 원정도로 진행하시면 될듯하다.

Mercedes-Benz
166

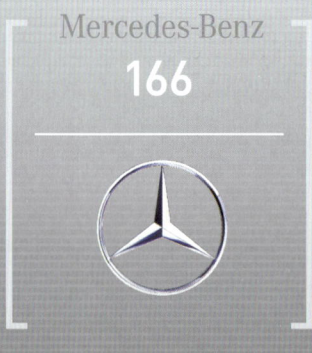

02
냉각수의 누수가 발생한다

고객불만

차량의 냉각수가 부족하고, 엔진이 오버 히팅한다.

 **차량정보**

모델	GL 350
차종	166
차량등록	2013년 4월
주행거리	78,022km

☑ 그림 2.1 166 차량 전면

진 단

1. 엔진 시동 시 냉각수 경고등의 점등을 확인하였다.
2. 보닛을 열고 냉각수 리저버 탱크의 레벨을 확인해보니 너무 낮아서 우선은 냉각수를 보충하고, 냉각수 압력 테스터로 점검을 하였다.

☑ 그림 2.2
냉각수 압력 테스터로 점검

3. 냉각수 압력 테스터를 사용하여 가압하며, 육안으로 점검 중에 좌측의 앞 유리 하단 부근에서 냉각수가 누수되는 것을 확인하였다.
4. 와이퍼 암을 조심스럽게 탈착하고 누수 상태를 계속 점검하였다.

☑ 그림 2.3 **와이퍼 암과 커버 탈착 후**

5 엔진 방화벽에 설치된 냉각수 호스 커넥션에서 냉각수가 누수됨을 확인할 수 있었다.

☑ 그림 2.4 엔진 방화벽에 설치된 냉각수 호스 커넥션 누수

☑ 그림 2.5 냉각수와 냉각수 호스 커넥션

2. 냉각수 누수 발생

트러블의 원인과 수정사항

원인

1. 냉각수 호스 커넥션에 균열이 발생하였다.

수정사항

1. **냉각수 호스 커넥션을 교환**하고 **냉각수**를 비중을 맞추어 **보충**하였다.
2. 작업 후 냉각수 **누수 테스트**를 실시하고 누수를 **재확인** 하였으나 이상은 없었다.

참 고

일반적으로 냉각수의 누수는 매우 다양하게 발생하고 있으나, 냉각수 호스 커넥션의 균열은 자주 발생되는 증상으로 호주에서는 인식하고 있었다.

⚠️ **벤츠 전용 냉각수**

① 주성분 : 에틸렌글리콜
② 특징 : 내부식성과 녹 방지 및 결빙방지 기능을 위한 첨가제가 희석되어 있다.
③ 교환주기 : 엔진마다 차이가 있으나 약 10년이나 25만km 정도이다.
④ 구분 : 구형은 파란색이고 신형은 핑크색으로 구별한다.

Mercedes-Benz
204

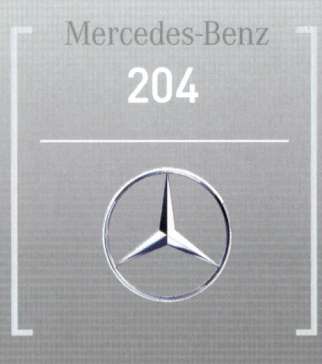

차량정보

모델	C 200
차종	204
차량등록	2010년 8월
주행거리	83,134km

03
엔진 **시동**이 걸리지 않는다

고객불만

엔진 시동이 걸리지 않는다.

✓ 그림 3.1 204 차량 전면

진단

1. 엔진을 크랭킹 해보니 시동이 간신히 걸려서 점검을 해보았다.
2. 엔진에서 그르륵 거리며, 걸리는 이상 소음이 계속 발생하면서 회전하였다. 즉시 시동을 끄고 점검을 실시하였다.
3. Xentry 전용 진단기로 전자 시스템을 점검해 보니 배기 캠축 위치 센서의 이상을 확인하였다. 초기 시동 시 엔진의 시동이 지연됨을 확인하면서 캠축 조절 기어의 문제가 있음을 경험으로 짐작하고 있었다.
4. 해당 소음은 타이밍 케이스 부근에서 이상 소음이 심하게 발생되었다. 특히 캠축 조절 기어 부근에서 그르륵 걸리는 이상 소음이 크게 발생하였다.
5. 엔진의 오일량을 점검해 보니 오일 게이지 하단으로 확인되었으나 오일 점도가 심각하게 불량하였다. 엔진 오일 필터를 탈착하여 점검해보니 다량의 메탈 칩이 필터 내부에서 확인되었다.

☑ 그림 3.2 엔진 오일 필터의 메탈 칩 확인

☑ 그림 3.3
엔진 오일 필터
내부 메탈 칩 확인

6. 소음의 원인을 분석하기 위하여 실린더 헤드 커버를 분리하였다. 실린더 헤드에 고여 있는 엔진 오일은 상태가 매우 불량하였다.

7. 캠축 조절 기어와 타이밍 체인을 육안으로 점검을 실시해 보니 마모가 매우 심각하였다. 타이밍 툴을 사용하여 기본 타이밍을 점검해보니 타이밍 체인은 늘어나 있었다.

8. 결국 원인은 캠축 조절 기어 스프로켓의 마모와 늘어난 타이밍 체인이었다. 이로 인하여 엔진이 회전 시마다 타이밍 체인이 타이밍 케이스를 긁으면서 회전하여 타이밍 케이스의 손상이 발생하였다. 동시에 크랭크축 스프로켓도 손상을 입혀서 매우 심각한 상태의 엔진이 되었다.

9. 팀장에게 차량의 현재 상태를 보고하고 포맨과 함께 상의한 결과 답변은 1차적으로 엔진 오버홀을 예상하고 견적을 넣었으나, 워크샵 컨트롤러와 협의 중에 '경험상 엔진 어셈블리 교환으로 하는 것이 좋다'라는 결론을 갖고 견적을 제출하였다. 하지만 고객은 고액의 견적에 대하여 금전적 이유로 차량 수리 동의를 거부하고 차량은 출고하였다.

3. 엔진 시동 걸리지 않음

⚠️ **수입차의 업무 담당자 시스템**

① 포맨 (Foreman) – 기술 업무 담당자
② 테크니션 (Technician) – 정비 기술자
③ 메카닉 (Mechanic) – 정비공
④ 파트 체인저 (Part changer) – 부품 교환 작업자

타이밍 체인과 캠축 조절 스프로켓이 서로 마모됨

☑ 그림 3.4 캠축 조절 기어 스프로켓 마모

트러블의 원인과 수정사항

원인

1. 타이밍 체인이 늘어나서 캠축 조절 기어 스프로켓, 크랭크축 스프로켓 등이 마모되었다.

수정사항

1. **엔진 어셈블리의 교환**을 **제안**하였다.

참 고

　해당 차량은 잡카드 확인 시 여성 고객으로 확인되고, 차량 관리에 소극적인 것으로 판단된다. 호주 공식 서비스 센터에서의 시간당 수리 금액은 환율적으로 확인 시 한국의 약 2배이다.

　일반적으로 호주 거주자들은 엔진 오일 교환이나 브레이크 패드 등 소모품 교환은 주로 자가 소유의 집에 위치한 차고(Garage)에서 자가 정비를 실시한다. 이것이 여의치 않으면 지인에게 차량을 맡겨서 수고비 정도 주고 맡기기도 한다. 이 또한 환경이 갖추어지지 못하는 상황이라면 가까운 소형 자동차 수리점을 방문하여 차량의 수리를 받게 된다.

　일반적으로 금전적 여유가 있는 고객은 오래된 차량의 경우에도 공식 서비스 센터에 입고하여 주기적으로 이상 점검을 실시하고, 의뢰받은 수리를 받는다. 그래서 상태가 아주 우수한 올드카를 주변에서 많이 볼 수 있다.

Mercedes-Benz
204

04
엔진 경고등이 점등하였다

고객불만

계기판에 엔진 경고등이 점등하였다.

차량정보

모델	C 200
차종	204
차량등록	2012년 5월
주행거리	80,461km

☑ 그림 4.1 204 차량 전면

진단

1. 차량의 초기 시동 시 M271 엔진의 시동이 지연됨을 확인하였다. 경험상 캠축 조절 기어의 문제가 있음을 경험으로 짐작하고 있었다.
2. Xentry 전용 진단기로 점검 시 배기 캠축 위치 센서의 이상을 확인하였다.
3. 실린더 헤드 커버를 탈착하고 헤드 상태를 점검 시 양호한 상황이었다. 육안 점검으로 타이밍 체인과 가이드를 확인하였으나 양호한 상태였다.

그림 4.2 실린더 헤드 커버 탈착 후

4. 가이드 테스트를 실시하였다. 타이밍 특수 공구를 캠축에 설치하고 기본 캠축 위치를 점검하였다. 캠축 조절 기어를 점검 시 흡기 캠축 조절 기어의 이상을 확인하였다.

4. 엔진 경고등이 점등

⚠ 이상시 가이드 테스트를 하는 이유

모든 작업에 가이드 테스트를 지원하는 것은 아니지만 최대한 가이드 테스트를 진행하고 트러블을 확인해야 한다. 즉 가이드 테스트를 진행하며 진단 방향을 찾는 것이다.

☑ 그림 4.3 캠축 타이밍 특수 공구 설치

5 흡기 캠축 조절 기어의 교환 작업을 실시하였다.

☑ 그림 4.4 캠축 조절 기어 탈거

✅ 그림 4.5 캠축 조절 기어 신품과 구품

트러블의 원인과 수정사항

원인

1. 흡기 캠축 조절 기어의 작동이 불량하였다.

수정사항

1. **흡기 캠축 조절 기어**를 **교환**하였다.

4. 엔진 경고등이 점등

> **참 고**

 일반적인 작업은 WIS에 의거하여 작업하였으며, 타이밍 체인 텐셔너와 커버는 신품으로 교환하였다. 각종 가스켓 등의 소모품, 엔진 오일과 필터 그리고 냉각수 교환 작업을 실시하였다. 작업 후 오일의 누유를 점검하기 위하여 시운전을 실시하고, 냉각수 레벨도 충분히 확인한 후 출고하였다.

Mercedes-Benz
204

05
동반석 시트가 앞뒤로 조절이 되지 않는다

고객불만

동반석 시트의 앞뒤 조절이 되지 않는다.

차량정보

모델	C 63 AMG
차종	204
차량등록	2012년 2월
주행거리	90,988km

그림 5.1　204 차량 전면

진단

1. 초기에 차량을 점검 시 동반석 시트의 상하 위치 조절은 가능하나 앞뒤 조절이 되지 않았다. 그리고 등받이 조절도 일정 각도만 가능하고 충분한 작동이 이뤄지지 않았다.
2. 차량은 204377 C 63 AMG Coupe 차량으로 리어 도어가 존재하지 않는 차량이다. 동반석 리어 시트 하단을 점검해야 하는데 공간이 여유치 못하다.
3. 동반석 시트 하단을 점검 시 역시 조절 모터 브래킷은 변형되어 있으며, 커넥터들도 정 위치에서 탈거되어 있었다.
4. 시트 조절 모터와 연결된 플렉시블 샤프트도 한쪽이 탈거가 되어서 시트가 한쪽만 살짝 움직이고 정지하는 상황이었다.

☑ 그림 5.2 동반석 시트 하단 조절 모터 브래킷

5. 작업 거울과 공구를 사용하여 시트 조절 모터와 브래킷 하단의 상태를 확인하였다. 역시나 시트 뒤쪽에 향수병이 확인되었다. 향수병이 플로어 매트와 시트 조절 모터 브래킷 사이에 끼어서 변형된 것이다. 그리고 플렉시블 샤프트의 한쪽 부분이 손상이 되어 있었다.

6. 손상된 부품을 확인하고 새로운 부품을 주문하여 조심스럽게 정 위치로 맞추어 임시로 조립하였다. 임시로 조립한 플렉시블 샤프트의 결합으로 시트를 간신히 움직일 수가 있었다.
7. 우선 최소 공간을 확보하기 위해서 시트를 앞으로 움직이고 시트의 좌우 위치를 맞추고 모터를 완전히 재조립하고 탈거된 커넥터도 정 위치에 맞추어 조립한다.
8. 시트 조절 모터를 조립하고 Xentry 전용 진단기를 차량과 연결하여 동반석 도어 컨트롤 모듈(DCM-FL)에서 시트 조절 모터 표준화 작업을 실시해 준다.
9. 표준화 작업으로 각 시트 조절 모터의 작동이 이상 없이 작동됨을 확인하고, 모든 조절 모터의 위치를 DCM에 저장하게 된다. 이상이 없음을 확인하면 표준화는 완료하게 된다.

☑ 그림 5.3 시트 조절 모터의 손상된 플렉시블 샤프트

 **표준화 작업이 필수적인 파트 작업 :** 스티어링 컬럼, 선루프, 시트, 에어컨

5. 동반석 시트 앞뒤 조절 안 됨

트러블의 원인과 수정사항

원인

1. 동반석 시트 바닥에 놓아둔 향수 병이 시트 작동 시 시트 조절 모터 브래킷과 플로어 매트 사이에 끼어서 브래킷이 휘어지고, 시트 조절 모터의 플렉시블 샤프트가 탈거 되었다.

수정사항

1. 동반석 **시트 조절 모터**와 **플렉시블 샤프트**를 **교환**하고 **시트 표준화 작업**을 실시하였다.

참고

일반적으로 승용 차량의 시트 하단에는 컨트롤 유닛이나 시트 조절 모터 그리고 차량의 옵션에 따라서 진공 에어 호스와 작동 모터들이 위치하여 공간이 매우 협소하다. 주로 작은 음료수 병이나, 향수병들을 시트 하단에 놓아둘 경우 위의 상황이 발생될 수 있다.

위의 상황을 예방하기 위하여 운전자에게 미리 고지하는 것이 좋다. 메모리 시트 옵션의 경우 차량의 모델에 따라 반드시 시트 표준화 작업을 실시해야 한다. 표준화 작업을 하지 않으면 시트 메모리 기능이 작동되지 않으며, 출고 후 고객이 재방문할 가능성이 있으므로 충분히 점검한 후 출고해야 한다.

Mercedes-Benz
190

차량정보

모델	AMG GT S
차종	190
차량등록	2018년 11월
주행거리	1,744km

06
차량 **잠금**이 되지 않는다

고객불만

1. 차량이 리모컨 키로 잠금이 되지 않는다.
2. 라디오가 도어를 열면 꺼지지 않는다.
3. 운전석 시트 조절이 되지 않는다.
4. 운전석 윈도우와 미러의 조절이 되지 않는다.

✅ 그림 6.1 190 차량 전면

6. 차량 잠금이 되지 않음

진단

1. 차량을 점검 시 원래의 차량은 흰색의 차량이었으나 고객이 차량의 외관에 회색의 필름으로 랩핑을 하였다. 운전석 창문이 살짝 내려와서 움직이지 않고 있었다. 여러 상황을 파악해보니 통신 관련 문제로 판단되었다.

2. Xentry 전용 진단기로 전자 시스템을 점검해 보니 운전석 도어 컨트롤 모듈(DCM-FR)이 인식되지 않았다. WIS를 점검하고 프런트 SAM(N10/1)의 퓨즈 점검시 이상은 없었다.

3. 운전석 도어 라이닝을 탈착하였다. 운전석 도어 컨트롤 모듈에 공급 전원을 점검 시 12V가 확인되었다. 전원 공급은 정상으로 판단하고 육안 점검을 위하여 도어 컨트롤 모듈의 커넥터를 점검 중 파란색 커넥터 내부의 부식을 발견하였다. 외부적인 수분의 유입으로 인한 커넥터 부식으로 판단되었다.

■주요 약어
· DCM-FR
운전석 도어 컨트롤 모듈
· N10/1
프런트 SAM

☑ 그림 6.2 파란색 도어 라이닝 커넥터 부식

① **프런트 SAM의 기능** : 관련 컨트롤 유닛에 전원 제공과 신호의 입출력을 담당한다. SAM은 Signal acquisition and Actuation Module의 약어이다.
② **SAM 교체시 프로그램 작업하는 이유** : 일반적으로 컨트롤 모듈의 교환 시 프로그램은 기본적으로 해야 한다.
③ 일반적으로 SAM은 프런트와 리어에 두 개가 장착되어 있다.

☑ 그림 6.3 운전석 도어 컨트롤 모듈의 파란색 커넥터 접속 부위 부식

트러블의 원인과 수정사항

원 인

1. 운전석 도어 컨트롤 모듈의 파란색 커넥터에 수분이 침투하여 부식이 발생하였다.

수정사항

1. **운전석 도어 컨트롤 모듈**과 **파란색 커넥터 배선**을 **교환**하였다.

6. 차량 잠금이 되지 않음

> **참 고**

임시로 부식된 커넥터 부분을 접점 클리너로 청소하고 작동 상태를 점검 실시하였으나, 시트 메모리 기능과 도어 미러 위치 저장 기능 그리고 도어 잠금 시 도어 미러의 자동 잠금 기능 등의 편의 기능의 작동이 원활하게 작동되지 않았다. 결국 운전석 도어 컨트롤 모듈도 교환하였다. 운전석 도어 컨트롤 모듈의 내부 회로가 부식되어 오작동으로 판단되었다.

Mercedes-Benz
205

07
스티어링 휠 부근에서 떨림 소음이 발생한다

고객불만

주행 중 스티어링 휠에서 떨리는 소음이 발생한다.

차량정보

모델	C 250
차종	205
차량등록	2017년 5월
주행거리	6,536km

✓ 그림 7.1   205 차량 전면

진단

1. 고객의 불만을 확인하기 위하여 시운전을 실시하였다. 일반적으로 시운전은 냉간시와 온간시의 소음으로 분류할 수 있으나, 해당 차량의 소음은 일정하게 발생하였다.
2. 스티어링 휠을 탈착하였다. 에어백 모듈을 점검 시 플라스틱 커버에서 유사한 떨림 음이 발생되어 에어백 와이어링 가이드 커버에 펠트 테이프를 부착하였다.

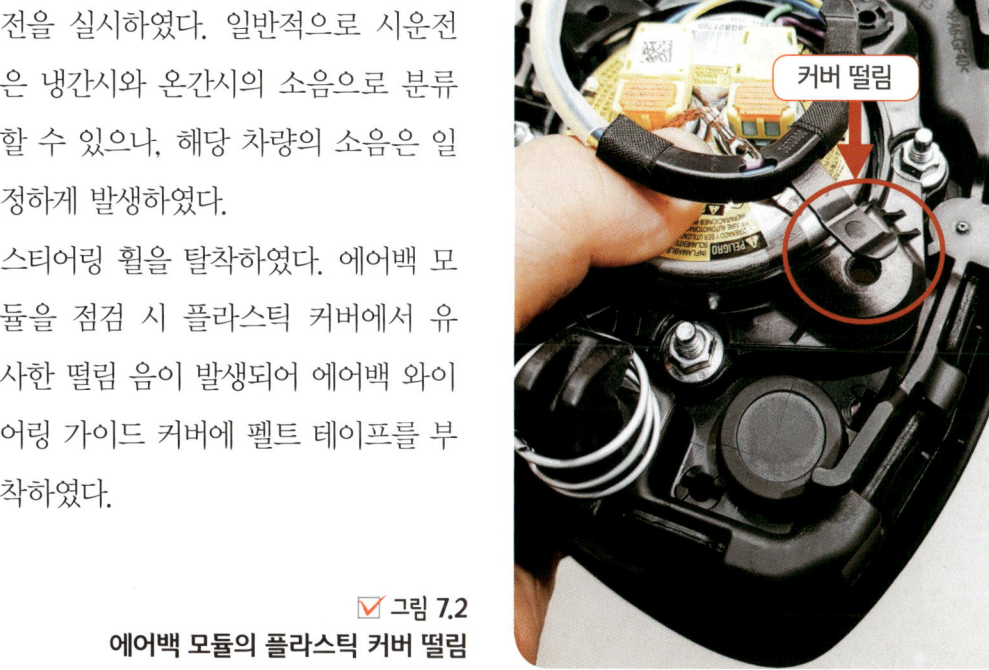

☑ 그림 7.2
에어백 모듈의 플라스틱 커버 떨림

⚠️ **펠트 테이프**

펠트 테이프는 재질이 천으로 되어서 부품 간에 발생하는 소음을 줄여주는 완충작용을 한다.

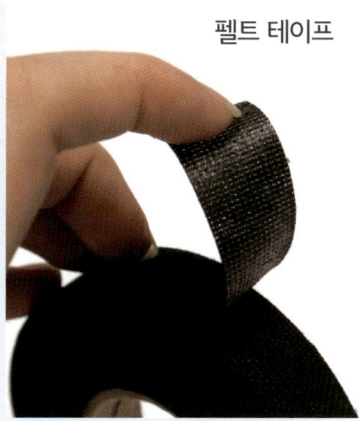

☑ 그림 7.3 에어백 모듈의 플라스틱 커버에 펠트 테이프 부착

3. 스티어링 휠 내부 커넥터의 조립 상태와 전기 배선의 상태를 점검 하였다.
4. 플라스틱 커버와 메탈의 간섭이 발생되는 부품의 스크루도 조임 상태를 확인하였다.

☑ 그림 7.4 스티어링 휠의 내부 점검

6

시운전시 약간의 소음이 남아 있어서 스티어링 칼럼 커버의 상부 커버를 잡고 시운전시 소음이 제거됨을 확인하였다. 스티어링 칼럼 커버를 탈착하고 내부에 펠트 테이프를 부착하여 공차를 줄였다. 결국 소음은 완벽하게 제거 되었다.

☑ 그림 7.5 스티어링 칼럼 상부 커버에 펠트 테이프 부착

트러블의 원인과 수정사항

원인

1. 에어백 모듈의 플라스틱 커버와 스티어링 칼럼 상부 커버의 공차가 크다.

수정사항

1. 에어백 모듈의 플라스틱 커버와 스티어링 칼럼 상부 커버에 **펠트 테이프**를 **부착**하였다.

참고

 일반적으로 주행 중 발생하는 떨림 소음은 부품 재질상의 문제나 부품간의 공차가 과다한 경우가 많다. 민감한 운전자의 경우는 소음으로 인하여 과다한 스트레스를 받는 경우를 많이 볼 수 있다.

 소음은 사안이 경중에 따르기도 하지만 최대한 소음을 제거해 주면 고객의 만족도가 상당히 높은 경우가 많다. 시간도 오래 걸리고 작업의 효율성은 낮아지지만 고객의 만족도를 높일 수 있는 매우 중요한 요소이다.

Mercedes-Benz
246

차량정보

모델	B 200
차종	246
차량등록	2014년 9월
주행거리	48,286km

08
엔진 경고등이 점등하였다

고객불만

1. 엔진 경고등이 점등하였다.
2. 엔진 경고등이 점등하면 주행 중 기어 변속이 부드럽지 않으며, 연료 소비율이 높다.

☑ 그림 8.1 246 차량 전면

진단

1. 엔진 경고등 건으로 3회 방문하였다. 기존 작업자가 DPF 의 리제네레이션을 실시하였음을 확인하였다.
2. Xentry 전용 진단기로 전자 시스템을 점검 하였다. DPF 내부의 Soot(그을음) 함유량이 높았다. DPF 차압 센서를 점검하였으나 특이 사항은 없었다.
3. 엔진의 배선 점검 시 실린더 헤드 커버 주변에 약간의 손상이 확인되었으나 해당 증상과의 관계는 없었다.

■주요 약어
- DPF :
 (Diesel Particulate Filter)
 디젤 미립자 필터

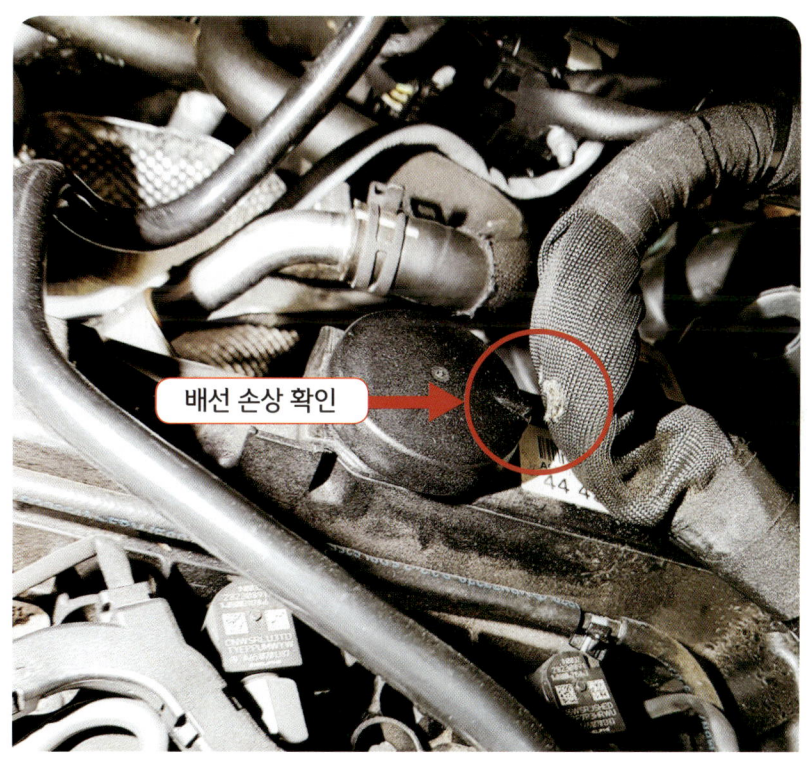

☑ 그림 8.2 엔진 배선 손상 확인

4. 흡기 라인의 누유를 점검하였으나 특이 사항은 없었다. 테일 파이프에 다량의 검은 그을음을 확인하였다. DPF가 의심되어 탈착을 하였다. 하지만 DPF 전단에 검은 재가 많이 퇴적되어 있음을 확인하였다. DPF 이전의 연소 과정에서 무엇인가 문제가 발생한 것임을 짐작하였다.

☑ 그림 8.3 DPF 전단 내부에 검은 재의 퇴적

5 우선 연료 분사장치의 문제가 의심되어 연료 인젝터를 모두 탈착하고 분사 상태를 점검하였다. 모든 연료 인젝터의 연료 분사 작동 상태와 분사 시 연료의 무화 상태는 정상이었다.

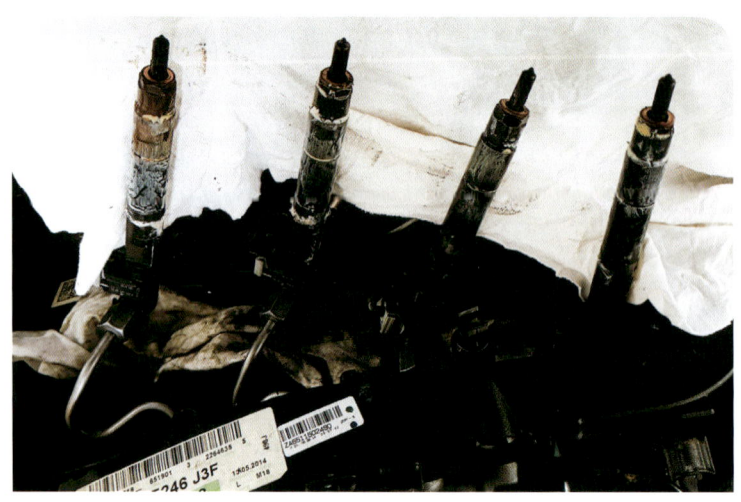

☑ 그림 8.4 연료 인젝터 분사 상태 점검

6 엔도 스코프를 사용하여 각 실린더 내부의 내시경 점검을 실시하였으나 특이 사항은 없었다.
7 엔진 실린더 압축 압력을 측정하였으나 각 실린더마다 정상이었고, 편차도 정상이었다.

8. 엔진 경고등이 점등

⚠ **OM 651엔진**
① 기준값 : 23~30Bar, 허용 17Bar
② 실린더 편차 : 3Bar 이내이어야 하며, 이상시 불량

☑ 그림 8.5 실린더 압축 압력 측정

☑ 그림 8.6 오일 필터 점검

8. 엔진 오일 필터 하우징 내부를 육안으로 점검 시 특이 사항은 없었으나 손으로 엔진 오일을 점검 시 약간 오일의 점도가 묽은 느낌이 들었다. 우선 엔진 오일 필터를 조립하고 엔진 오일 레벨 게이지로 오일 레벨을 점검해 보니 Max 보다 상위에 위치하고 있었다. 결국 엔진 오일량이 규정량보다 많아서 위의 증상이 발생된 것으로 판단되었다.

☑ 그림 8.7
엔진 오일 필터 하우징 내부

트러블의 원인과 수정사항

원인

1. 엔진 오일 레벨의 상승으로 인하여 엔진 오일이 배기구로 흘러가서 DPF가 막혔다.

수정사항

1. DPF를 **교환**하고 **엔진 오일을 교환**하였다.

참고

일반적으로 디젤 엔진의 DPF를 장착한 차량은 DPF 리제네레이션을 실시하게 되면 인젝터에서 후분사를 증가하게 된다. 증가된 연료 분사량이 완전 연소되지 못하고 실린더 벽을 타고 오일 팬으로 흘러내려가서 엔진 오일과 희석되어 레벨이 증가된 것이다.

결국 기존 2회 입고 시 DPF 리제네레이션을 추가적으로 실시하였으므로 엔진 오일의 레벨은 더욱더 증가한 것으로 예상된다. 위 증상으로 인하여 DPF는 엔진에서 미연소된 검은 재에 의해 막혀서 리제네레이션을 시도하여도 변화가 없었던 것으로 판단된다.

연료와 희석된 엔진 오일은 점도가 떨어져서 윤활작용이 원활하지 못할 가능성이 높으므로 엔진 오일의 교환이 적합하다. 단순한 기본 점검이지만 엔진 오일 레벨은 내연 기관에서는 매우 중요하다.

Mercedes-Benz
253

09
ECO 기능이 작동하지 않는다

고객불만

ECO 기능이 작동되지 않는다.

차량정보

모델	GLC 250 d
차종	253
차량등록	2015년 12월
주행거리	39,609km

☑ 그림 9.1 253 차량 전면

부가 내용

⚠ **ECO의 기능**

차량의 전기 장치가 정상이라고 판단되는 경우 그리고 충분히 엔진을 정지해도 된다고 판단되는 경우, 주행 중 잠시 정차 시의 경우 엔진을 정지시켜 연료 소모를 줄이고 배출가스를 줄여주며, 불필요한 엔진의 작동을 제어한다.

진단

1. 기존 작업자가 해당 차량의 진단을 실시하고 부품을 주문하였다. 해당 작업자가 당일 부재중이라서 워크샵 컨트롤러로부터 작업지시서를 받아서 단순 작업을 하였다. 작업지시서와 진단 가이드 문서는 첨부되어 있었다.

2. 변속기 컨트롤 유닛에 고장 코드가 저장되어 있었는데 그로 인하여 ECO 기능이 미작동 됨으로 판단하여 부품을 주문해 놓은 것이다. 작업은 변속기 컨트롤 유닛을 교환하는 작업이다. 우선 차량을 띄우고 오일을 드레인하고 오일 팬을 탈거하였다.

그림 9.2 변속기 밸브 바디 장착 상태

3. 변속기 밸브 바디 어셈블리를 탈거하고, 변속기 컨트롤 유닛을 탈거하였다.

9. ECO 기능이 작동 안 함

⚠️ 9G-Tronic

전진 9단의 자동변속기를 통해 엔진의 회전 속도를 낮게 유지하여 연료 소비량을 줄이고 소음의 발생도 낮추었으며 변속이 부드럽게 이루어진다.
적용 오일은 다음과 같습니다.

236.17 Automatic transmission fluids (ATF, 9-speed automatic)

The following product list should help you to select the correct operating fluid for your vehicle/major assembly from the variety of products in the market.
We are recommending to use exclusively the products listed in the following overview, because only these products have been tested and approved by Mercedes-Benz.
We recommend using only products

1. which are distinctly marked with the label indicating the approval of Mercedes-Benz, e.g. "MB-Approval 229.51". Labels referring e.g. to "MB 229.51" don't have an approval of Mercedes-Benz.
2. Which are listed in the current MB BeVo. Only listed products are tested and approved by Mercedes-Benz.

Application in vehicles/major assemblies refer to Sheet 231.1

Select Sheet 236.17　　　　　　　　　> Search

> Overview

Last update: 08/06/2020

Product name	Principal
Mercedes-Benz Genuine ATF FE MB 236.17	Mercedes-Benz AG, Stuttgart/Deutschland
MB 236.17 Genuine ATF FE A000 989 59 04	Mercedes-Benz AG, Stuttgart/Deutschland
Fuchs TITAN ATF 9134 FE	FUCHS PETROLUB SE, Mannheim/Deutschland
RAVENOL ATF M 9-G Serie	Ravensberger Schmierstoffvertrieb GmbH, Werther/Deutschland
Shell D971	Shell International Petroleum Company, LONDON/UNITED KINGOM
Shell Spirax S6 ATF D 971	Shell International Petroleum Company, LONDON/UNITED KINGOM
Sinopec Greatwall ATF-B.17	Lubricant Company, Sinopec Corp., Beijing/P.R.of CHINA

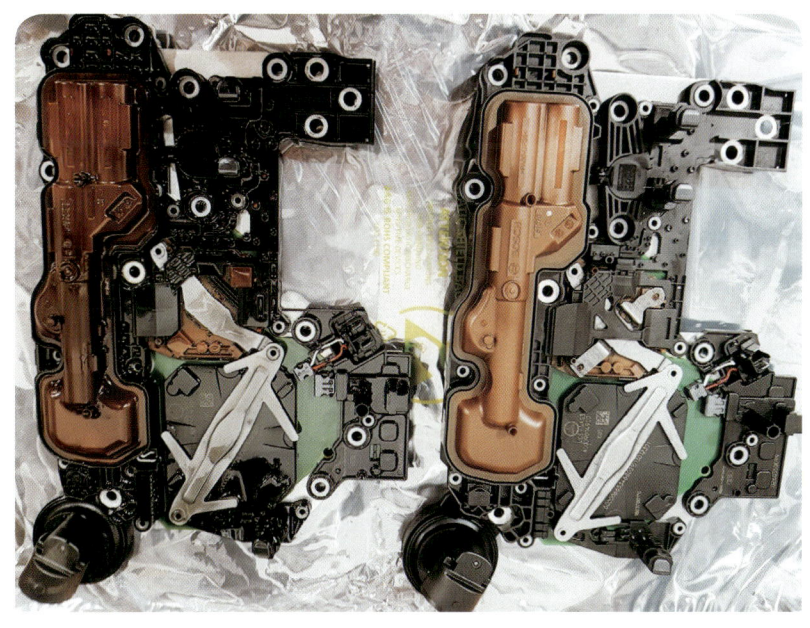

☑ 그림 9.3 변속기 컨트롤 유닛(9G-Tronic) 구품과 신품

✅ 그림 9.4 변속기 컨트롤 유닛 탈거 후 변속기 밸브 바디

4 변속기 오일 팬을 장착하고 변속기 오일 레벨을 주입하고 레벨링을 하였다.

✅ 그림 9.5 변속기 오일 필터 통합형 오일 팬

5 모든 작업을 완료하고 변속기 컨트롤 유닛의 초기 설정으로 퍼스널라이징과 어 뎁테이션을 완료하고 시운전 시 이상은 없었으나, ECO 기능은 여전히 비활성화 되어 미작동 하였다. 결국 메인 배터리를 교환한 후 ECO 기능이 활성화 되어 작동됨을 확인하였다.

9. ECO 기능이 작동 안 함

트러블의 원인과 수정사항

원인

1. 메인 배터리의 허용 용량이 부족하다.

수정사항

1. **메인 배터리를 교환**하였다.

참 고

일반적으로 ECO 기능은 차량이 주행하다가 신호등 앞에서 정차 시에 차량의 엔진 상태, 전기 상태 그리고 에어컨 작동 상태 등이 안정적이면 엔진 시동을 끄고 연료를 절감하는 기능이다.

ECO 기능을 활성화하기 위하여 최소 기본 조건이 충족되어야 한다. 그 중에서 메인 배터리의 상태는 매우 중요한 조건 중 하나이므로 항상 이를 인지하고 가장 먼저 점검해서 잘못된 진단을 방지해야 한다.

Mercedes-Benz
166

차량정보

모델	ML 63 AMG
차종	166
차량등록	2015년 1월
주행거리	35,239km

10
외부 업체가 **전기 장치**의 **리셋**을 **요청**하였다

고객불만

외부 업체인 패널 바디 샵(판금 도장업체)에서 작업한 후 전기 장치 리셋을 요청하였다.

☑ 그림 10.1 166 차량 전면

10. 전기 장치의 리셋을 요청

 해당 차량의 전기 장치 리셋의 의미는 진단기로 점검하여 고장코드의 소거를 요청한 것이다. 진단기와 통신되는 모든 전기 컨트롤 유닛에 해당된다고 볼 수 있다.

진단

1. 상기 차량은 외부 판금 도장 업체로부터 작업 후 계기판에 다수의 경고등이 점등되어서 전기 장치의 리셋 작업을 요청 받았다. 해당 차량은 전면 교통사고로 인하여 앞 범퍼의 교환 작업이 이루어진 것으로 판단되었다. 엔진 시동 시 계기판에 **Pre-safe**와 **Active lane keeping system** 경고등이 점등되었다.

2. Xentry 전용 진단기로 전자 시스템을 점검해 보니 앞 범퍼의 주차 센서와 레이더 센서에 관련된 고장 코드가 다수 확인되었다.

■ 주요 약어

- N62
  주차 보조 컨트롤 유닛
- PTS :
  (Parktronic System)
  주차 보조 장치

그림 10.2 앞 범퍼 탈착 후

3 일차적으로 고장 코드를 지우고 점검하였으나 거의 동일하게 확인되었다. 진단기 점검 시 주차 보조 컨트롤 유닛(N62) 내부에 고장 코드 B12494A – '앞 좌측 중앙의 차량 거리 보조 레이더 센서에 기능 이상이 있습니다. – 현재형과 저장형'으로 확인이 되었다. 육안 점검을 위하여 앞 범퍼를 탈착하고 주차 센서를 점검 하였다.

4 외부 손상은 없었으나 주차 센서의 부품 번호가 다른 부품이 장착되어 있음을 발견하였다.

그림 10.3 PTS 번호가 다른 부품이 장착됨

그림 10.4 PTS 센서 번호 비교

10. 전기 장치의 리셋을 요청

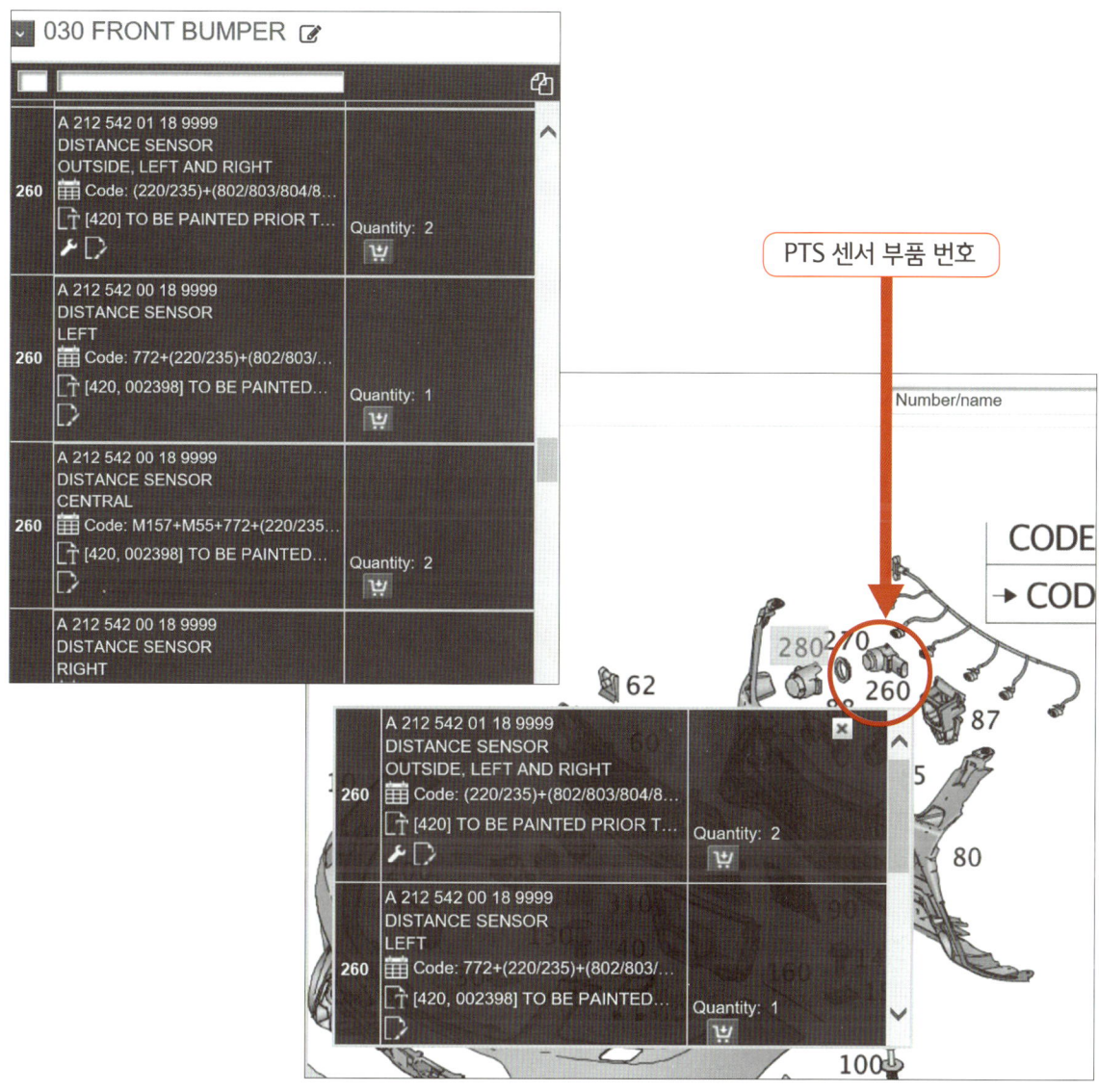

✅ 그림 10.5 앞 범퍼 PTS 센서 번호 확인

5. EPC에 의거 하여 정확한 **PTS** 센서의 부품을 찾아서 고객의 승인을 받고 **PTS** 센서를 장착 하였다. 하지만 앞 좌측 레이더 센서의 고장 코드가 지워지지 않고 남아 있었다. 추가적으로 레이더 센서의 리셋도 실시하고 세팅을 실시하였으나 동일하였다.

6. 결국 앞 좌측 레이더 센서도 주문하여 교환하였다. 앞 좌측 레이더 센서의 외부 손상은 확인되지 않았으나, 전면 사고 충돌로 인하여 강한 충격이 레이더 센서의 내부 회로를 손상시킨 것으로 판단된다.

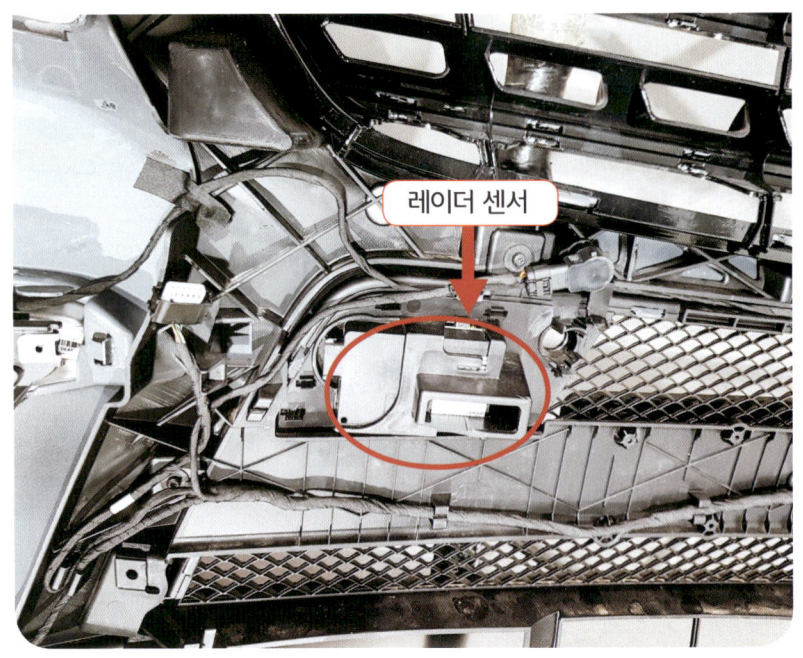

☑ 그림 10.6 앞 범퍼 내부 좌측 레이더 센서 위치

☑ 그림 10.7 앞 좌측 레이더 센서 교환

트러블의 원인과 수정사항

원인

1. 부정확한 PTS 센서 부품의 장착과 앞 좌측 레이더 센서의 내부 작동이 불량하였다.

수정사항

1. 정확한 부품 번호의 **PTS 센서**와 앞 **좌측 레이더 센서**를 **교환**하였다.

참 고

  자동 주차 기능이 있는 차량의 **PTS** 센서는 바깥쪽(Outer) 번호가 안쪽의 **PTS** 센서와 비교 시 부품 번호가 다르다. 반드시 **EPC**에서 관련 옵션 코드를 확인해야 한다.

  외부 업체의 경우 **PTS**의 외관이 유사한 경우 부품 번호와 상관없이 장착하는 경우가 간혹 있으니 이점 유의하도록 한다. 앞 좌측 레이더 센서와 **PTS** 센서는 앞 범퍼를 탈착한 후 교환 작업이 가능하다.

Mercedes-Benz 253

차량정보

모델	GLC 250 d
차종	253
차량등록	2016년
주행거리	39,809km

11
스티어링 칼럼이 상하로 조절이 되지 않는다

고객불만

스티어링 칼럼의 높이 조절 스위치를 상하로 작동 시 움직이지 않으며, 소음이 발생한다.

☑ 그림 11.1 253 차량 전면

진 단

1. 차량의 스티어링 칼럼 높이 조절 스위치를 상하로 작동 시 기능이 작동되지 않으며, 그르륵 하는 소음을 발생하였다. 스티어링 칼럼의 높이 조절 기어 링의 플렉시블 샤프트가 손상되어 있었다.

☑ 그림 11.2 스티어링 칼럼의 높이 조절 기어 링

2. 플렉시블 샤프트의 손상을 확인하고 스티어링 칼럼의 높이 조절 기어 링을 교환 하였다.

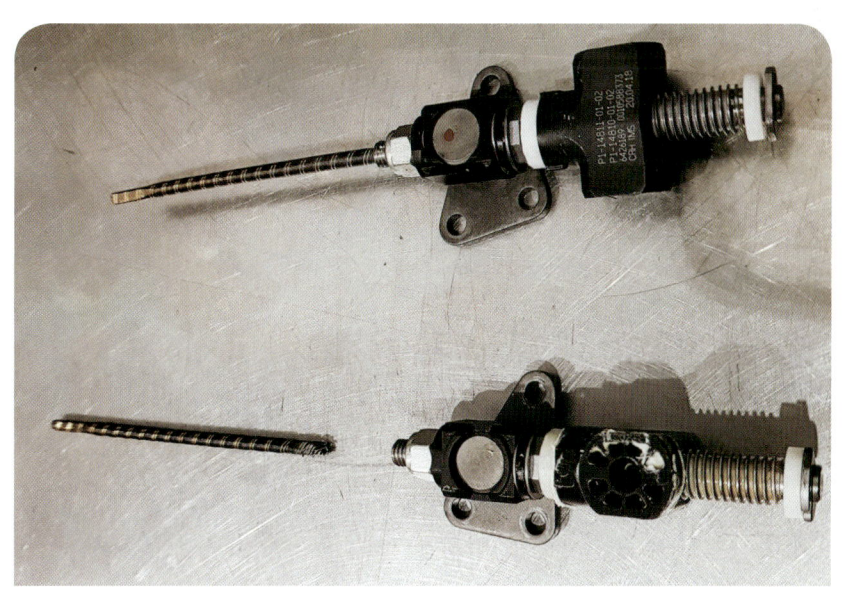

☑ 그림 11.3 손상된 스티어링 칼럼의 높이 조절 기어링의 구품과 신품

3. 스티어링 칼럼의 높이 조절 기어 링을 교환하고 Xentry 전용 진단기로 사용하여 스티어링 칼럼 컨트롤 모듈의 어뎁테이션 항목에서 스티어링 칼럼 조절 모터의 표준화 작업을 실시하고 작업을 완료하였다.

트러블의 원인과 수정사항

원 인

1. 스티어링 칼럼의 높이 조절 기어 링의 플렉시블 샤프트가 손상이 되었다.

수정사항

1. **스티어링 칼럼**의 **높이 조절 기어 링**을 **교환**하고, 스티어링 칼럼 **조절 모터**의 **표준화 작업**을 실시하였다.

참 고

차량에 메모리 기능의 옵션이 장착되어 있는 경우 작동 모터를 교환하고 반드시 표준화 작업을 실시해야 한다. 예를 들어 에어컨 플랩 작동 모터, 시트 조절 작동 모터, 선루프 작동 모터 그리고 스티어링 칼럼의 조절 모터 등의 부품을 교환한 후 반드시 표준화 작업을 해야 한다.

Mercedes-Benz
176

12
리어 좌측의 윈도우 가이드가 변형되었다

고객불만

리어 좌측의 윈도우 가이드가 변형되었다.

차량정보

모델	A 200
차종	176
차량등록	2017년
주행거리	28,303km

✓ 그림 12.1 176 차량 전면

진 단

1. 육안 점검 시 외력에 의한 변형으로 판단할 수는 없었다. 윈도우 작동 기능의 이상은 없었다. 윈도우 가이드 고무 몰딩의 변형으로 인하여 발생된 증상으로 판단되었다.

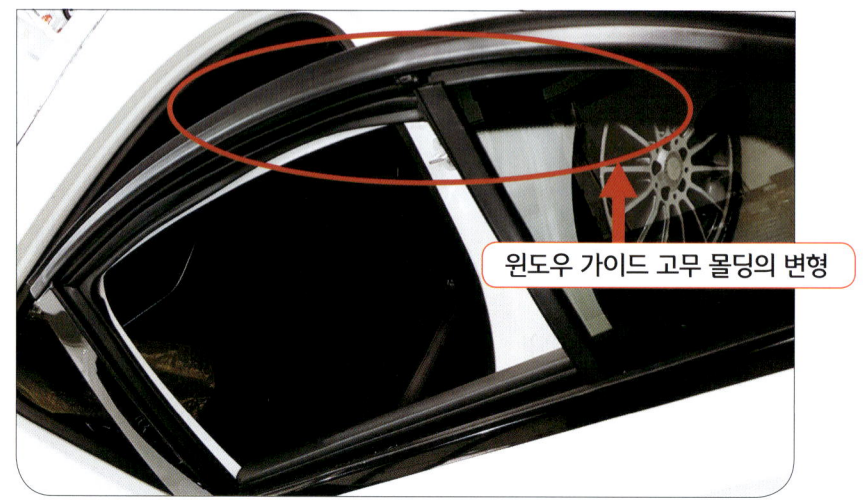

☑ 그림 12.2 윈도우 가이드 고무 몰딩 상단이 변형됨

2. 리어 좌측의 윈도우 가이드 고무 몰딩 상부가 위로 들려져서 변형되었다. 이와 동시에 몰딩은 삼각 유리를 고정해 주는 가이드 기능을 제대로 유지하지 못하고 몰딩은 위쪽으로 밀려서 밖으로 나오게 되었다.

☑ 그림 12.3 윈도우 가이드 몰딩의 상단이 변형됨

12. 리어 윈도우 가이드 변형

트러블의 원인과 수정사항

원인

1. 윈도우 가이드 고무 몰딩이 변형 되었다.

수정사항

1. 윈도우 가이드 **고무 몰딩**을 **교환** 하였다.

참고

　상기 증상의 원인을 고객의 의견에 비추어 분석해 보았다. 날씨가 맑고 더운 여름 날에 차량을 외부에 주차를 하고 운전자는 차량 실내의 높은 잠열의 예방과 환풍을 위해서 차량의 리어 창문을 약간 내리고 문을 닫고 차량을 떠난다.

　개인 업무를 처리하고 다시 차량으로 돌아와서 시동을 걸고 에어컨디셔너를 작동 시킨다. 이당 시 주차된 차량은 외부의 뜨거운 태양열에 노출되어 윈도우 가이드 고무 몰딩은 뜨겁게 팽창이 되어있다. 운전자는 주행을 하기 위하여 창문을 올리게 된다. 이때 창문 유리가 상승하면서 뜨겁게 가열된 윈도우 가이드 고무 몰딩도 함께 위로 들어 올려 지면서 동시에 도어의 가이드에서 떨어져서 탈거 된다.

　결국 그림과 같이 윈도우 가이드 고무 몰딩이 위로 들뜨는 증상이 발생 한다. 한여름에 176 차량에서 발생되는 증상으로 보고가 되어있다. 정비사는 176 차량의 운전자에게 위의 사실을 고지하고, 증상을 예방하는 것이 최선의 방법이라 판단된다.

Mercedes-Benz
221

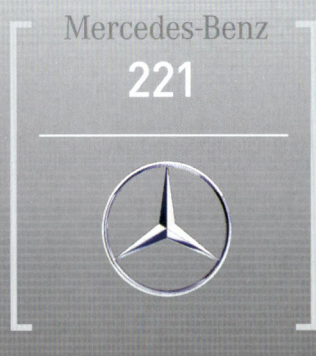

13
엔진 시동이 걸리지 않는다

고객불만

1. 주행 후 시동이 걸리지 않는다.
2. 장시간 주차한 후 시동이 걸리기도 한다.

 **차량정보**

모델	S 500
차종	221
차량등록	2006년
주행거리	246,654km

그림 13.1 221 차량 전면

13. 엔진 시동 걸리지 않음

진단

1. Xentry 전용 진단기로 점검 시 연료 압력이 낮다는 고장 코드를 확인하였다. 하지만 시동이 걸리면 고장 코드는 자동 삭제가 되었다. 우선 저압 연료 압력을 측정하였다. 시동 불능 시 0Bar를 확인하였고, 시동 걸릴 때는 4Bar를 확인하였다. 연료 펌프의 액추에이션을 점검 시 이상 없이 정상적으로 작동이 되었다.

■ 주요 약어
- N3/10
  엔진 컨트롤 유닛
- N10/2
  리어 SAM
- M3
  연료 펌프

✓ 그림 13.2 M3 (연료 펌프) 구동 공급 전원

· 가솔린 연료 압력의 규정값 : 약 4Bar.

2 연료 펌프 릴레이를 단품 점검하였으나 이상은 없었다.

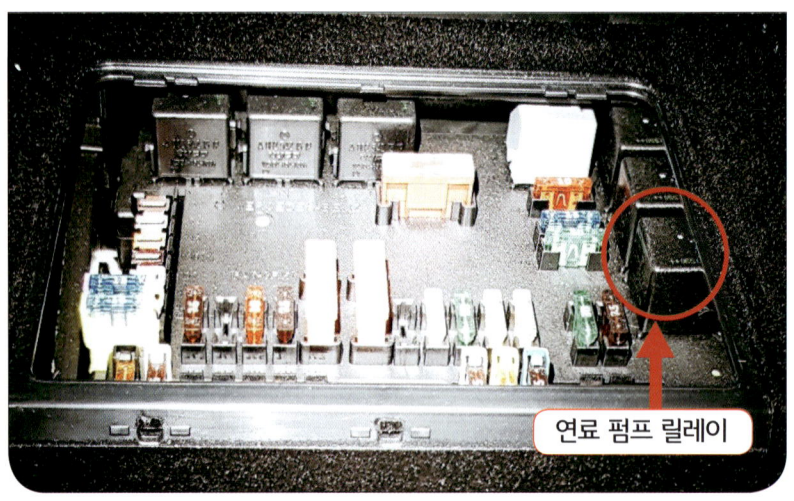

☑ 그림 13.3 N10/2(리어 SAM)의 퓨즈와 릴레이

3

M3(연료 펌프)의 신호를 점검 중
시동 시 14V를 확인하였으나,
시동 불가 시에는 신호 전압의 인가가
불가하였다.

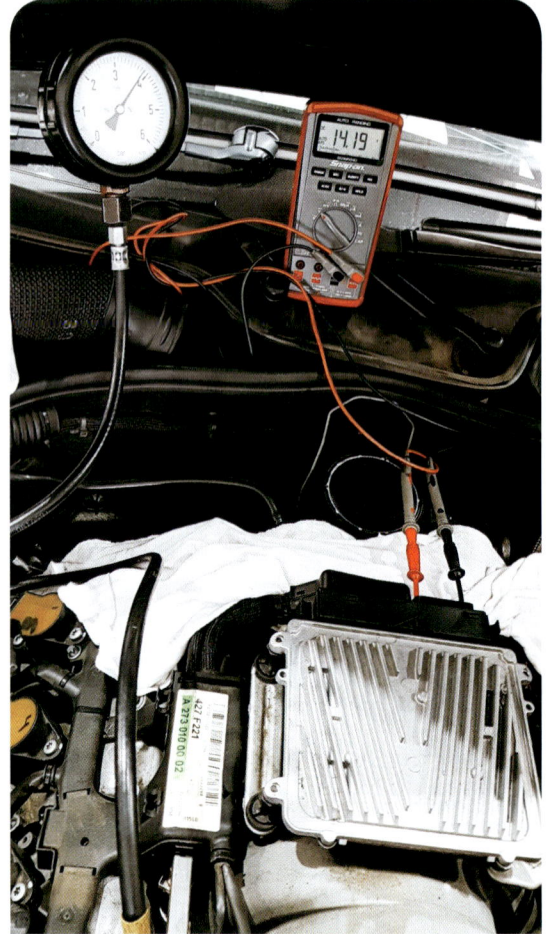

☑ 그림 13.4
N3/10(엔진 컨트롤 유닛)의
M3(연료 펌프) 구동 신호

 리어 SAM은 리어 시트 팔걸이
뒤쪽에 배치되어 있다.

13. 엔진 시동 걸리지 않음

4 N3/10(엔진 컨트롤 유닛)의 Pin_5와 Pin_17의 신호를 점검해 보면 M3(연료 펌프)의 구동 신호를 확인할 수 있다. 결국 엔진의 시동이 불가한 경우 M3(연료 펌프)로의 구동 신호가 12V이하로 확인되었다. N3/10(엔진 컨트롤 유닛)의 내부 작동 오류로 판단되었다.

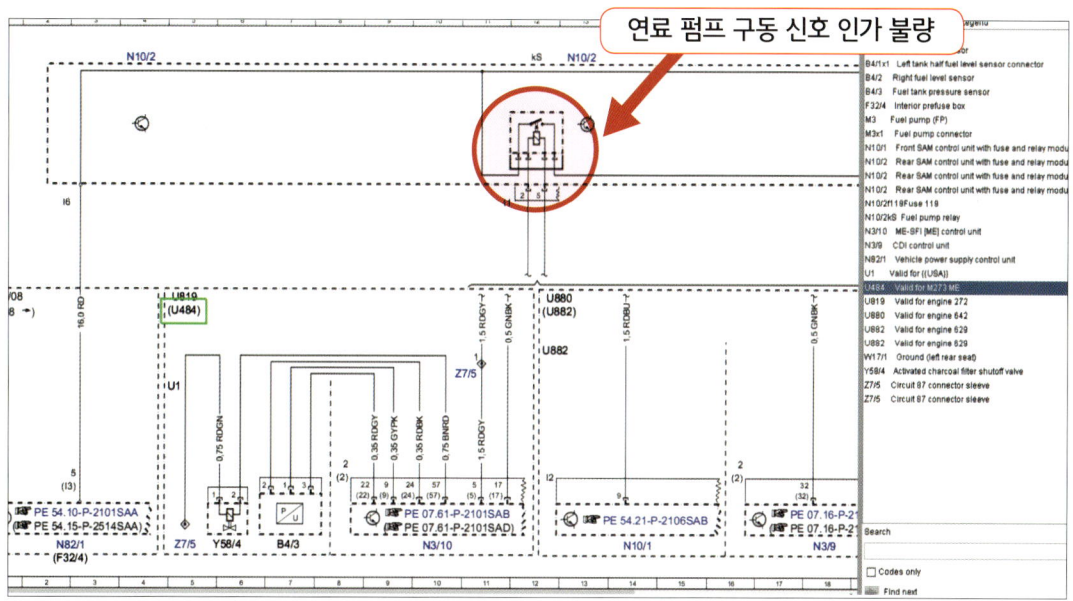

 그림 13.5 N3/10(엔진 컨트롤 유닛)의 M3(연료 펌프) 구동 신호 회로

트러블의 원인과 수정사항

원 인

1. N3/10(엔진 컨트롤 유닛)의 내부 작동이 불량하다.

수정사항

1. N3/10(엔진 컨트롤 유닛)을 **교환**하였다.

참고

W221 페이스 리프트 이전 모델에서 동일 증상을 확인할 수 있다. 페이스 리프트 이후 차량은 연료 펌프의 제어를 연료 펌프 컨트롤 유닛에서 직접 실시하고 있다. 해당 증상으로 인하여 초반에 엔진의 시동이 걸리지 않는 경우 크랭크각 위치 센서도 교체 점검하였으나 동일하였다.

N3/10(엔진 컨트롤 유닛)은 TRP(Theft Relevant Parts) 부품이다. 공식 문서에 의거하여 운전자의 신분을 확인하고 TRP 공식 주문 서류를 작성하여 독일로 주문이 된다.

해당 부품 교환 시 Xentry 전용 진단기를 사용하여 N3/10(엔진 컨트롤 유닛)을 선택한다. Initial startup(초기 설정) 항목을 선택하고 진단기에서 표시되는 화면의 지시에 따라서 차례대로 실행하면 완료 된다. 펄스널라이징, 액티베이션, 소프트웨어 업데이트를 실시하고 SCN 코딩이 완료되면 Initial startup(초기 설정)은 성공적으로 완료된 것이다.

Mercedes-Benz
207

14
에어컨이 작동하지 않는다

고객불만

에어컨이 작동하지 않는다.

차량정보

모델	E 250
차종	207
차량등록	2015년
주행거리	15,481km

☑ 그림 14.1 207 차량 전면

진단

1. 에어컨을 작동시켰으나 작동되지 않았다. 차량의 사고 이력을 점검 하였으나 특이 사항은 없었다. 에어컨 컴프레서와 콘덴서 그리고 에어컨 파이프 등 에어컨 관련 부품의 육안 점검 시 특이 사항은 없었다.

2. 우선 차량의 에어컨 가스량을 점검하기 위하여 회수를 하였다. 회수된 에어컨 가스는 0.11kg으로 확인 되었다. 에어컨 가스가 누설되고 있음을 예상할 수 있었다.

그림 14.2 에어컨 가스 회수량

참고로 냉매량은 같은 차종이라도 옵션에 따라서 냉매량이 달라진다. 외부에서 메거진이나 뒤쪽에 표로 되어 있는 것들도 확인해 보면 수치가 다른 것을 확인할 수 있다. 차대번호에 따라서 WIS를 참고하여 용량을 참고하는 것이 최선이다.

14. 에어컨 작동 안 함

3. 추가적으로 에어컨 가스가 누설되는 것을 확인하기 위하여 형광 물질과 함께 에어컨 냉매를 0.59kg을 주입하였다.
4. 차량의 실내에서 에어컨을 작동해보니 에어컨 작동이 정상적으로 작동됨을 확인하였으나 가스 냄새를 감지하였다.
5. 차량을 리프터에 올려서 에어컨 드레인 호스의 상태를 점검하였다. 형광 물질이 에어컨 응축수와 함께 희석되어 흘러내리고 있었다.

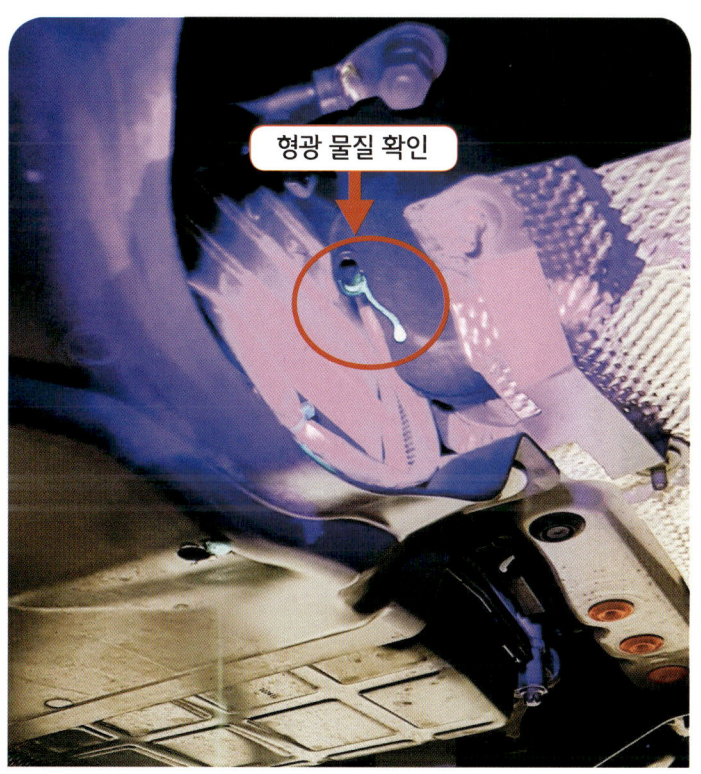

✅ 그림 14.3 에어컨 드레인 호스에서 형광 물질 흘러내림

트러블의 원인과 수정사항

원인

1. 증발기(Evaporator)의 내부가 손상되었다.

수정사항

1. **증발기**(Evaporator)의 **교환**이 **요구**된다.

> **참고**

증발기의 손상은 실내에서 에어컨 가스 냄새로 감지할 수 있다. 일반적으로 에어컨 냉매 라인에 형광 물질을 주입하고, 증발기에서 응축수와 함께 흘러내려서 드레인 호스로 배출되므로 어렵지 않게 점검할 수 있다. 하지만 에어컨 가스의 누설 원인은 다양하므로 확실한 점검이 필요하다.

Mercedes-Benz
190

15
운전석 **사이드 스피커**에 **이상 소음**이 **발생**한다

고객불만

운전석 사이드 스피커에서 이상 소음이 발생한다.

차량정보

모델	AMG GT Coupe
차종	190
차량등록	2017년
주행거리	13,811km

✔ 그림 15.1 190 차량 전면

75

진 단

1 이전 작업자가 부품을 주문해두었다. 증상은 음악을 들을 때 고음에서 찢어지는 소음이 발생하는 것이다. 차량이 입고되어서 운전석 사이드 스피커의 교환 작업을 실시하였다.

2 운전석 사이드 스피커를 교체하기 위해서는 트렁크 실내 커버를 모두 탈거를 해야 한다. 작업이 뒤쪽부터 실시해서 앞으로 이동되는 상황이지만 실내 커버만 제거하면 수월하게 교환할 수 있다.

☑ 그림 15.2 운전석 사이드 스피커

 운전석 사이드 스피커의 위치는 운전자가 운전석 시트에 앉으면 우측 귀 근처에 배치되어 있다. 그림에서 보는바와 같이 안전벨트 피드라인에 배치되어 있다.

15. 사이드 스피커에 이상 소음 발생

☑ 그림 15.3 운전석 사이드 스피커 구품과 신품

트러블의 원인과 수정사항

원인

1. 운전석 사이드 스피커의 내부가 손상되었다.

수정사항

1. 운전석 **사이드 스피커**를 **교환**하였다.

참고

운전석 사이드 스피커에서 고음으로 음악을 청취하는 경우에 찢기는 소음이 발생하여 스피커 교환 작업을 실시하였다. 육안 점검으로 사이드 스피커 커버나 가이드 고무 등을 점검 하였으나 특이 사항은 없었다. 사이드 스피커를 교환한 후 증상은 해결되었다.

Mercedes-Benz
205

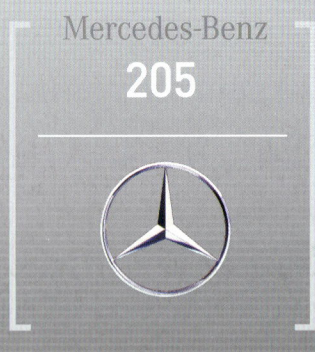

16
계기판의 경고등이 점멸한다

고객불만

계기판의 경고등이 점멸한다.

차량정보

모델	C 350 e
차종	205
차량등록	2019년
주행거리	3,650km

✓ 그림 16.1 205 차량 전면

16. 계기판 경고등 점멸

진단

1. Xentry 전용 진단기로 점검 시 다수의 고장 코드가 확인 되었다. 프런트 SAM(N10/6) – The starter battery excessive resistance(시동 배터리의 저항이 초과하였다)를 확인하였다.

■ 주요 약어
• N10/6
  프런트 SAM

2. 고장 코드에 의거하여 가이드 테스트를 실시하였다. 시동 배터리의 점검을 제시하였다. 하이브리드 차량이라서 작업 전에 고전압 시스템의 연결을 해제시키고 시동 배터리의 점검 작업을 실시하였다.

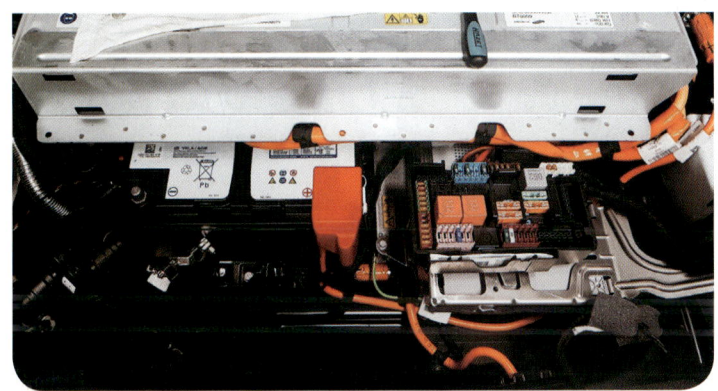

☑ 그림 16.2 트렁크 하단 시동 배터리 위치

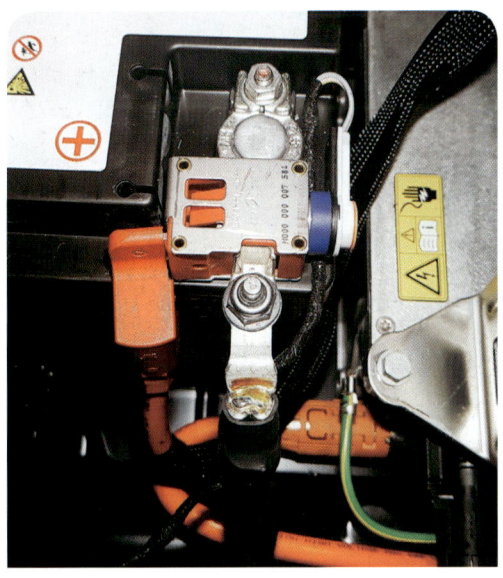

☑ 그림 16.3 시동 배터리 (+) 단자

3. 시동 배터리를 점검하기 위하여 배터리의 (+) 터미널을 점검하다보니 단자의 접촉이 불량함을 확인하였다. (+) 단자를 탈착해 보니 나사산이 손상되어 있었다. 차량 제조 공장의 조립 라인에서 발생한 증상으로 예상되었다.

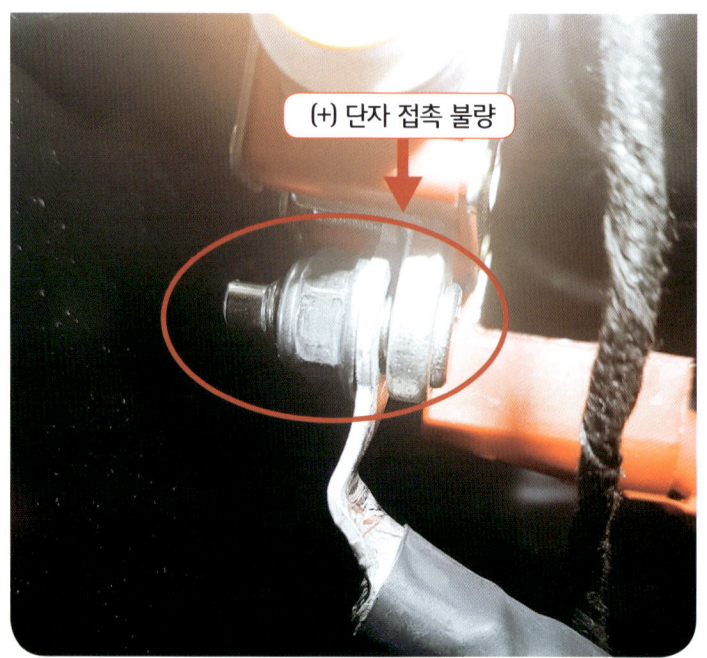

☑ 그림 16.4 시동 배터리 (+) 단자의 접촉 불량

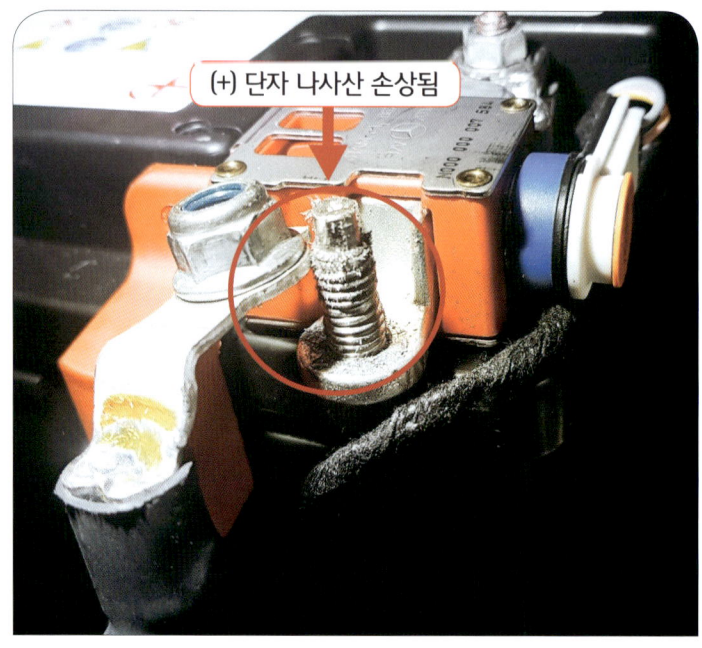

☑ 그림 16.5 시동 배터리 (+) 단자 손상

16. 계기판 경고등 점멸

4. 특수 공구를 사용하여 손상된 나사산을 재가공하였다. 그리고 시동 배터리를 Midtronic tester(미드트로닉 배터리 전용 테스터)를 사용하여 점검을 실시하였다. 역시 배터리 상태는 Good Battery로 확인 되었다.

■ 주요 정보
• Midtronic
  배터리 테스터 회사 이름

☑ 그림 16.6 시동 배터리 테스트 실시

트러블의 원인과 수정사항

원 인

1. 시동 배터리 (+) 단자의 접촉이 불량하다.

수정사항

1. 시동 배터리 **(+)** 단자의 **접촉**을 **수정**하였다.

참고

해당 차량은 하이브리드 시스템이 장착되어 있다. 고전압 배터리가 설치되어 있으므로, 고전압 관련 작업을 실시하기 이전에 고전압 시스템의 연결 해제 작업을 미리 실시해야 한다. 완벽하게 고전압 시스템의 연결이 해제된 것을 확인한 이후에 관련 작업을 실시해야 한다. 그리고 작업한 후에는 고전압 시스템의 재연결 작업도 실시해 주어야 한다.

해당 차량은 거의 신형 차량이다. 시동 배터리 (+) 단자의 접촉 상태가 불량하여 주행 중 차량이 고르지 못한 노면을 통과하는 경우에 계기판에 점멸하는 증상이 발생된 것으로 판단된다. 높은 전류가 흐르는 배터리 단자는 항상 접촉을 확실히 확인해야 한다.

배터리 단자의 접촉이 불량하면 과열로 인하여 이상 증상이 발생할 가능성이 매우 높다고 볼 수 있다. 항상 정비사는 고객의 안전을 최우선으로 생각하며, 차량의 점검을 실시해야 한다.

[Mercedes-Benz
166]

17
냉각수가 누수된다

고객불만

냉각수가 누수 된다.

차량정보

모델	GL 63 AMG
차종	166
차량등록	2013년
주행거리	62,898km

그림 17.1 166 차량 전면

진 단

1. 냉각수 압력 펌프를 연결하고 누수 부위를 점검하였다. 크랭크 샤프트 풀리 상단의 프런트 케이스에 연결된 냉각수 호스 라인에서 냉각수가 누수되고 있음을 확인하였다.

☑ 그림 17.2 프런트 케이스 냉각수 호스 라인 누유

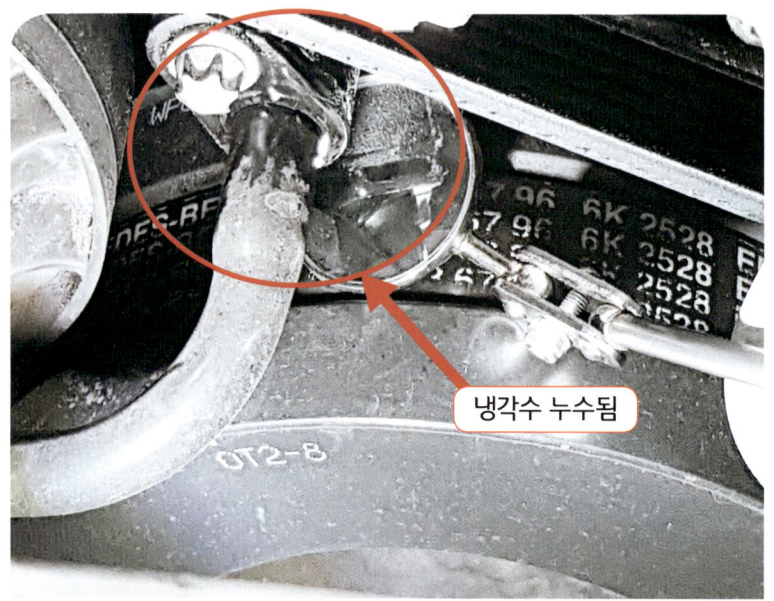

☑ 그림 17.3 냉각수 호스 라인 커넥션 하단 점검

17. 냉각수의 누수

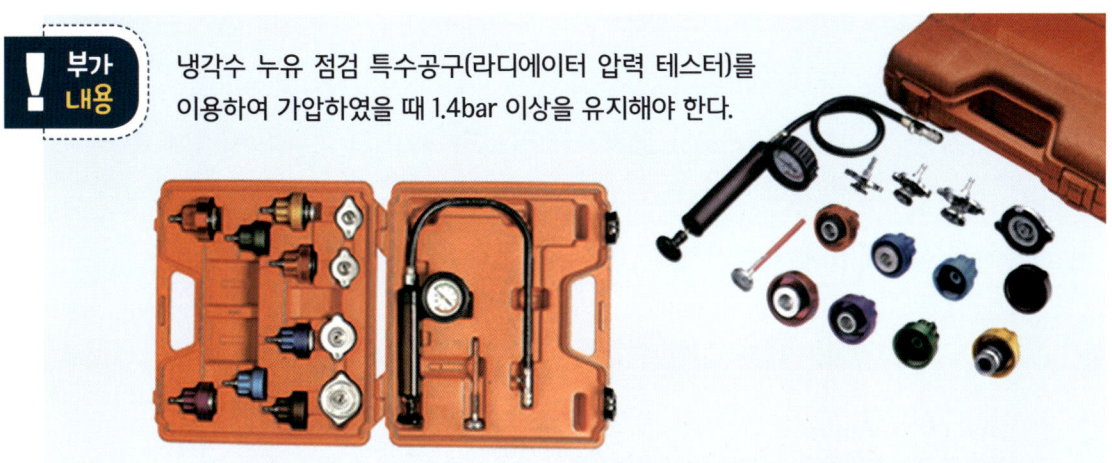

> **부가 내용** 냉각수 누유 점검 특수공구(라디에이터 압력 테스터)를 이용하여 가압하였을 때 1.4bar 이상을 유지해야 한다.

☑ 그림 17.4 새로운 냉각수 호스 라인 장착

트러블의 원인과 수정사항

원 인	수정사항
1. 크랭크샤프트 풀리 상단의 프런트 케이스 냉각수 호스 라인에서 누수가 발생하였다.	1. 프런트 케이스 **냉각수 호스 라인**을 **교환**하였다.

참 고

프런트 케이스와 연결된 냉각수 호스 라인을 교환하고 냉각수 압력 테스트 이후 이상이 없음을 확인하였다. 냉각수 레벨은 온간 시와 냉간 시에 정확하게 레벨링 하도록 한다. 동일 차종에서 위와 같은 냉각수 누수 부위는 확인이 가능하다.

Mercedes-Benz
210

차량정보

모델	E 300
차종	210
차량등록	1999년
주행거리	407,156km

18
동반석에서 더운 바람이 나온다

고객불만

에어컨을 작동시키면 동반석 에어 통풍구에서 더운 바람이 나온다.

☑ 그림 18.1 210 차량 전면

진 단

1. 해당 차량은 공조 장치의 히터 컨트롤 방식이 냉각수 컨트롤 방식이다. 냉각수 컨트롤 방식은 히터 코어로 연결된 냉각수 통로의 개폐 작동을 듀오 워터 밸브가 제어하여 실내의 더운 공기를 제어한다.

☑ 그림 18.2 듀오 워터 밸브

⚠ 듀오 워터 밸브

① 듀오 워터 밸브의 기능은 히터 코어로 유입되는 가열된 냉각수를 개폐하는 역할을 한다.
② 고급 차종에 옵션으로 장착되며, 고가의 부품으로 내구성은 차종마다 다르다고 볼 수 있고 주로 온도 제어를 정확하게 한다.
③ 부품이 고가로 결국 차량의 가격 상승으로 이어지기 때문에 차등 장착하는 것이 아닐까 한다.

18. 동반석에서 더운 바람

트러블의 원인과 수정사항

원인

1. 듀오 워터 밸브의 작동이 불량하다.

수정사항

1. **듀오 워터 밸브**를 **교환**하였다.

참고

냉각수 압력 테스트 이후 누수 없음을 확인하였다. 그리고 운전석과 동반석에 에어컨의 시원한 바람이 토출됨을 확인하였다. 210 차종에서 에어컨 작동 중에 더운 바람이 나온다면 듀오 워터 밸브를 점검하고 교환해야 한다.

Mercedes-Benz
166

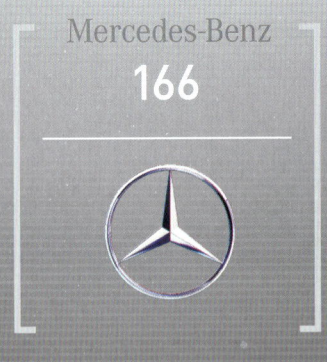

19
계기판에 SRS 기능 이상 경고등이 점등하였다

고객불만

계기판에 SRS 경고등이 점등하였다.

차량정보

모델	GL 350
차종	166
차량등록	2016년
주행거리	29,786km

그림 19.1　166 차량 전면

진단

1. Xentry 전용 진단기로 전자 시스템을 점검하였다. SRS 컨트롤 유닛 내부에 동반석 시트 인식 센서(B48) 기능의 오류가 발생됨을 확인하였다. 가이드 테스트를 실시해 보니 동반석 시트 인식 센서의 내부 오류로 확인되어 교환이 요구 되었다.

■ 주요 약어

• B48
  동반석 시트 인식 센서

☑ 그림 19.2 동반석 시트 탈착

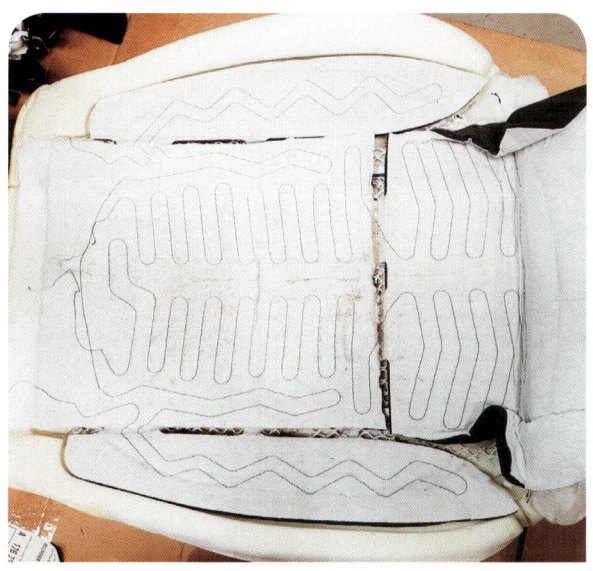

☑ 그림 19.3 동반석 시트 쿠션 탈착

 ⚠️ **시트 인식 시스템**

① 시트 인식 시스템은 동반석에 사람의 탑승여부를 무게로 감지하여 인식한다.

② 동반석에 사람이 탑승하지 않은 경우 전면 사고 시 동반석의 에어백을 터트리지 않는 역할을 한다. 이러한 기능은 국내 차량에도 다수의 차량에 장착되어 있는 것으로 알고 있다.

③ 재질 : 그림 19.4에서 보여지듯이 필름 형태의 압전 소자가 중간에 설치되어 있다.

④ 센서 하단에 컨트롤 유닛이 함께 장착되어 있어 저항의 측정은 의미가 없다.

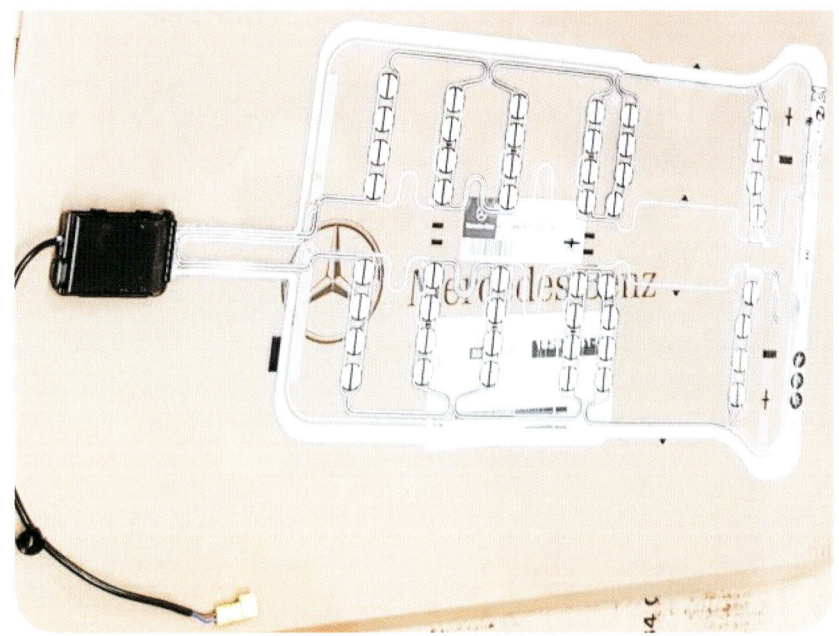

☑ 그림 19.4 동반석 시트 인식 센서

트러블의 원인과 수정사항

원인	수정사항
1. 동반석 시트 인식 센서의 작동이 불량하다.	1. 동반석 시트 인식 센서를 교환하였다.

19. SRS 기능 이상 경고등 점등

참 고

동반석 시트 인식 센서를 교환한 후 센서의 무게 감지를 위하여 특수 공구를 사용하여 무게 감지 설정을 실시해야 한다.

Mercedes-Benz
207

20
소프트 탑이 작동 중에 멈춘다

고객불만

소프트 탑이 작동 중에 멈춘다.

차량정보

모델	E 250
차종	207
차량등록	2010년
주행거리	71,252km

☑ 그림 20.1 207 차량 전면

20. 소프트 탑 작동 멈춤

진단

1. Xentry 전용 진단기로 전자 시스템을 점검 하였다. 리어 컨트롤 유닛(N22/6) 내부에 고장 코드 B254F00 : '소프트 탑의 작동 중 리밋 스위치의 센서가 서로 일치하지 않는다 - 현재형과 저장됨', B25592A : '소프트 탑의 잠금 위치에서 리밋 스위치가 기능 이상이 발생하였다. 신호가 변하지 않는다 - 현재형과 저장형' 으로 확인이 되었다.

2. 가이드 테스트를 실시한 후 센서 점검을 제시하였다. 점검 중 소프트 탑 바우 록 리밋 스위치(S84/19)의 고착을 발견하였다.

■ 주요 약어
- N22/6
  리어 컨트롤 유닛
- S84/19
  소프트 탑 바우 록 리밋 스위치

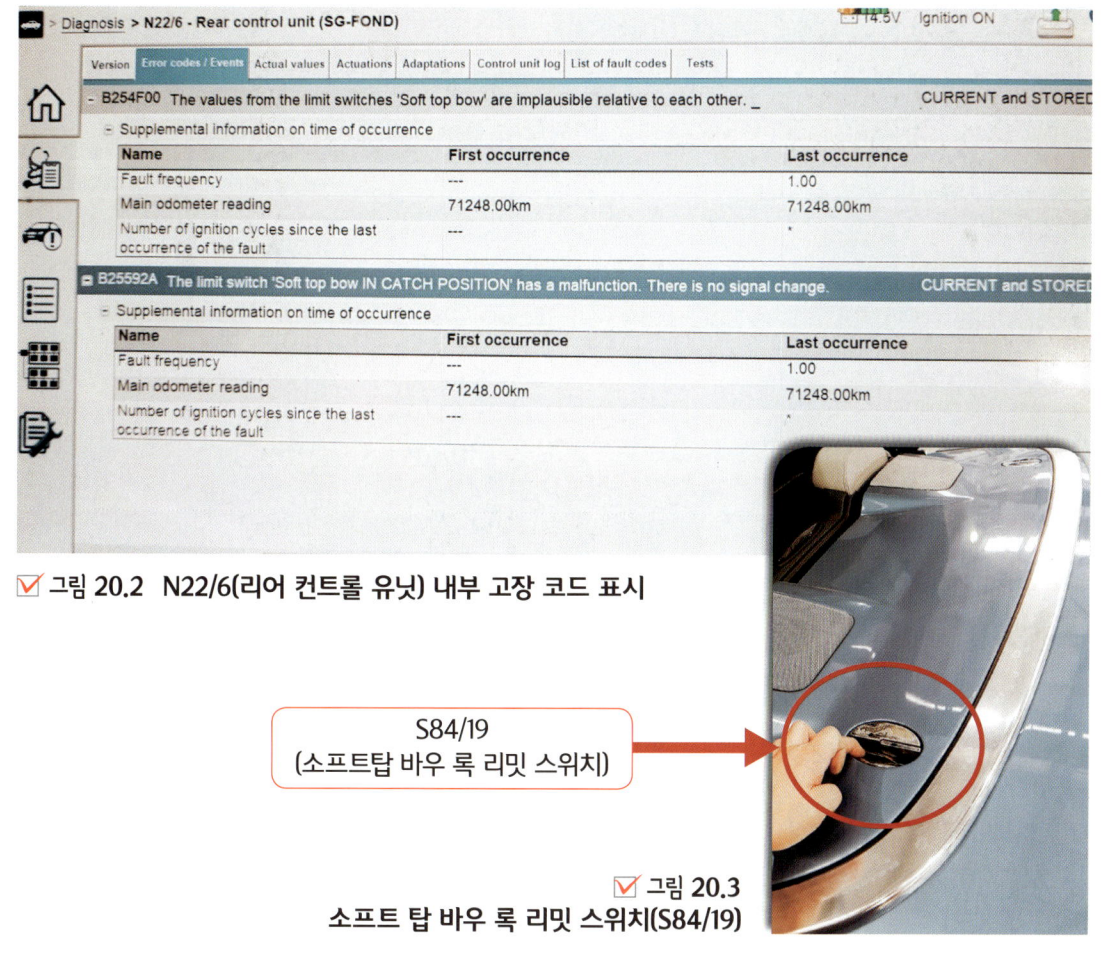

☑ 그림 20.2 N22/6(리어 컨트롤 유닛) 내부 고장 코드 표시

S84/19
(소프트탑 바우 록 리밋 스위치)

☑ 그림 20.3
소프트 탑 바우 록 리밋 스위치(S84/19)

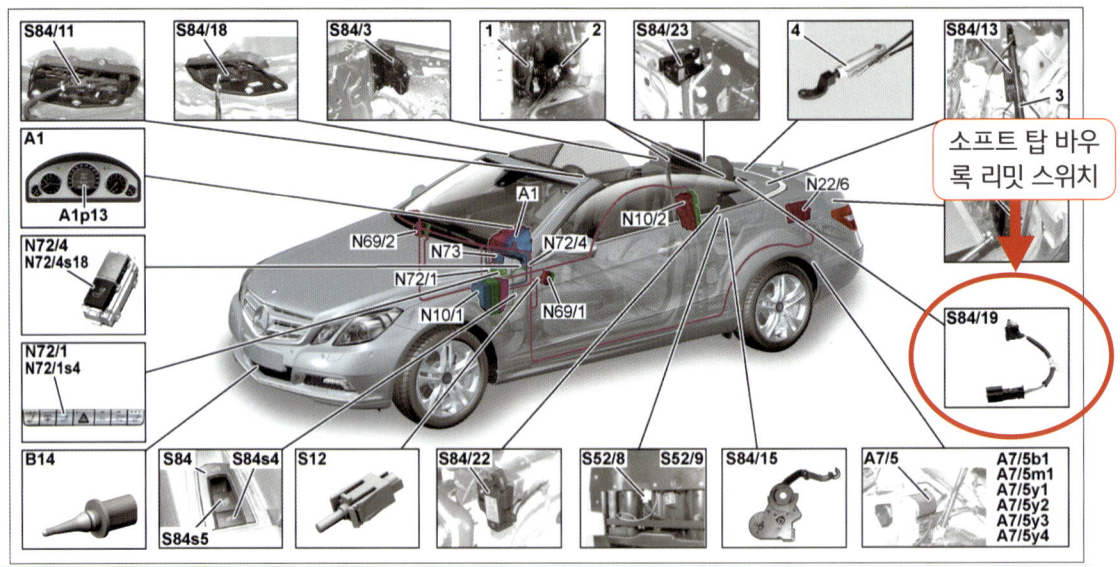

☑ 그림 20.4 소프트 탑 구성 부품

트러블의 원인과 수정사항

원인

1. 소프트 탑 바우 록 리밋 스위치 (S84/19)가 고착되었다.

수정사항

1. **소프트 탑 바우 록 리밋 스위치** (S84/19) **클리닝**을 실시하고 **윤활 저리**를 하였다.

참고

소프트 탑 바우 록 리밋 스위치(S84/19)가 메탈 커버 하단에 장착되어 있다. 하지만 장기간 외부에 노출되어 있으면서, 운전자가 메탈 커버에 일정량의 윤활유 도포를 실시하지 않아서 메탈 커버의 열림과 닫힘의 기능이 원활하게 작동하지 않았다. 결국 리밋 스위치도 정상적으로 작동하지 않은 것이다.

소프트 탑 작동 시 주로 리밋 스위치의 작동 불량으로 인하여 멈추는 경우가 간혹 발생한다. Xentry 전용 진단기를 사용하여 스위치의 실제 값에서 리밋 스위치의 작동 상태를 반드시 확인하고 점검해야 한다.

Mercedes-Benz
205

차량정보

모델	C 200 d
차종	205
차량등록	2016년
주행거리	26,508km

21
차량 **가속**이 **불량**하고 **변속**이 **지연**된다

고객불만

1. 차량의 가속이 불량하고 변속이 지연된다.
2. 후방에서 흰색 연기가 간헐적으로 발생한다.

그림 21.1 205 차량 전면

진단

1. 엔진룸을 점검 시 터보차저 출구 파이프의 커넥션 부근에서 오일이 흩뿌려져 있었다.

☑ 그림 21.2 터보차저 출구 오일 흔적 발견

2. 터보차저 출구 과급 파이프 라인의 에어덕트를 탈착해 보니 커넥션의 녹색 실링이 손상되어 있었다. 이전 작업자가 에어덕트를 탈착하고, 과도한 힘으로 조립하는 과정에서 발생한 증상으로 예상되었다.

☑ 그림 21.3 터보차저 출구 파이프의 커넥션 실링 손상

3. 추가적으로 흡입 공기 가이드 파이프를 탈착해 보니 커넥션의 실링이 손상되어 있었다.

그림 21.4 흡입 공기 가이드 파이프의 커넥션 실링 손상

트러블의 원인과 수정사항

원인

1. 터보차저 출구 파이프의 커넥션 실링과 흡입 공기 가이드 파이프의 커넥션 실링이 손상되었다.

수정사항

1. 터보차저 출구 파이프의 **커넥션 실링**을 **교환**하고, 흡입 공기 **가이드 파이프**를 **교환**하였다.

참고

흡입 공기 가이드 파이프 실링은 단품으로 공급되지 않기 때문에 흡입 공기 가이드 파이프를 교환하였다. OM626 엔진에서 자주 발생하므로 해당 부품의 조립과정에서 주의를 해야 한다.

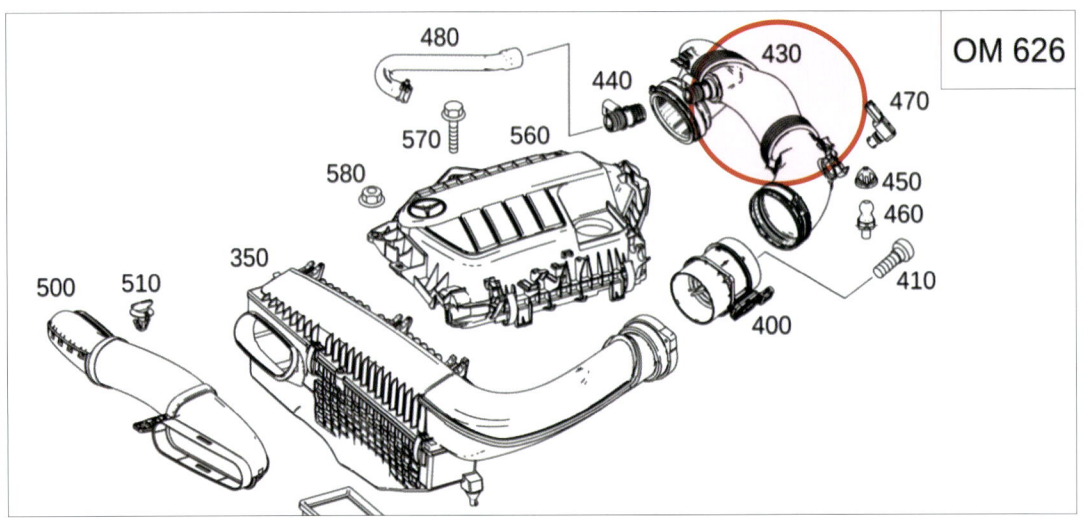

☑ 그림 21.5 흡입 공기 가이드 파이프 부품 확인(430번)

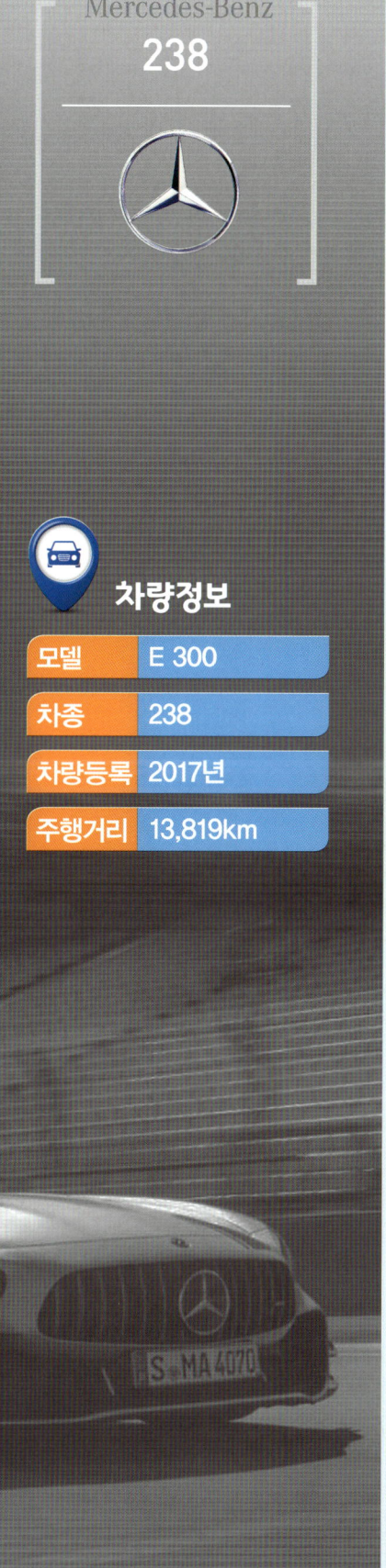

Mercedes-Benz
238

22
리어 카메라가 작동하지 않는다

고객불만

리어 카메라가 작동되지 않는다.

차량정보

모델	E 300
차종	238
차량등록	2017년
주행거리	13,819km

그림 22.1 238 차량 전면

진단

1 Xentry 전용 진단기로 전자 시스템을 점검하였다. M35/2(리어 카메라 커버 모터)에 작동 불량이 확인되었다. 과거 정비 이력을 확인해보니 이전 작업자가 리어 카메라 커버 모터를 교환하였음을 확인하였다.

■ 주요 약어

- N10/8
  리어 SAM
- M35/2
  리어 카메라 커버 모터

☑ 그림 22.2 트렁크 내부 하단 리어 퓨즈와 릴레이 모듈

2 리어 퓨즈와 릴레이 모듈 하단에 리어 SAM이 위치해 있다. 리어 퓨즈와 릴레이 모듈을 탈착하고 리어 SAM을 점검하였다.

⚠ 리어 카메라

① 리어 카메라 커버는 일반적으로 닫혀있으며, 차량의 후진시 리어 카메라 커버를 열어서 카메라가 후방을 비추어서 운전자가 후방의 상태를 확인할 수 있도록 한다.
② 리어 카메라는 단품으로 카메라 렌즈 어셈블리와 연결 커넥터로 구성되어 있다.
③ 해당 차량의 리어 카메라 모터는 트렁크 내부에서 트렁크 커버와 분리되어 장착 된다.
④ 360도 카메라 기능이 있는 차량의 경우 전방, 좌측, 우측, 후방에 모두 카메라가 설치되어 차량 주변의 위치를 확인하여 사고를 방지하고 안전에 최선을 기울인 안전 시스템이다.

22. 리어 카메라 작동 안 함

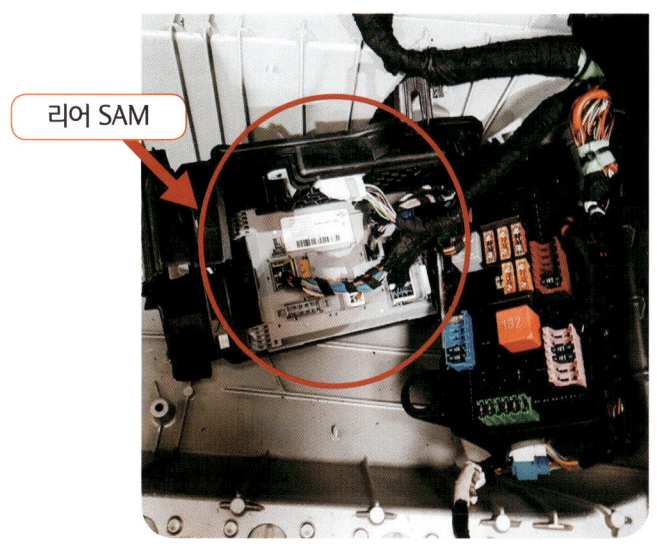

☑ 그림 22.3 트렁크 내부 하단의 리어 퓨즈와 릴레이 모듈 및 리어 SAM

3   해당 차량의 M35/2(리어 카메라 플랩 모터)는 N10/8(리어 SAM)에서 직접 제어가 된다. 일차적으로 리어 카메라 커버 모터와 리어 SAM의 외부 데미지와 부식상태를 점검하고, 전기 배선 회로도를 참고하여 전기 배선과 커넥터 접촉 상태를 점검하였다.

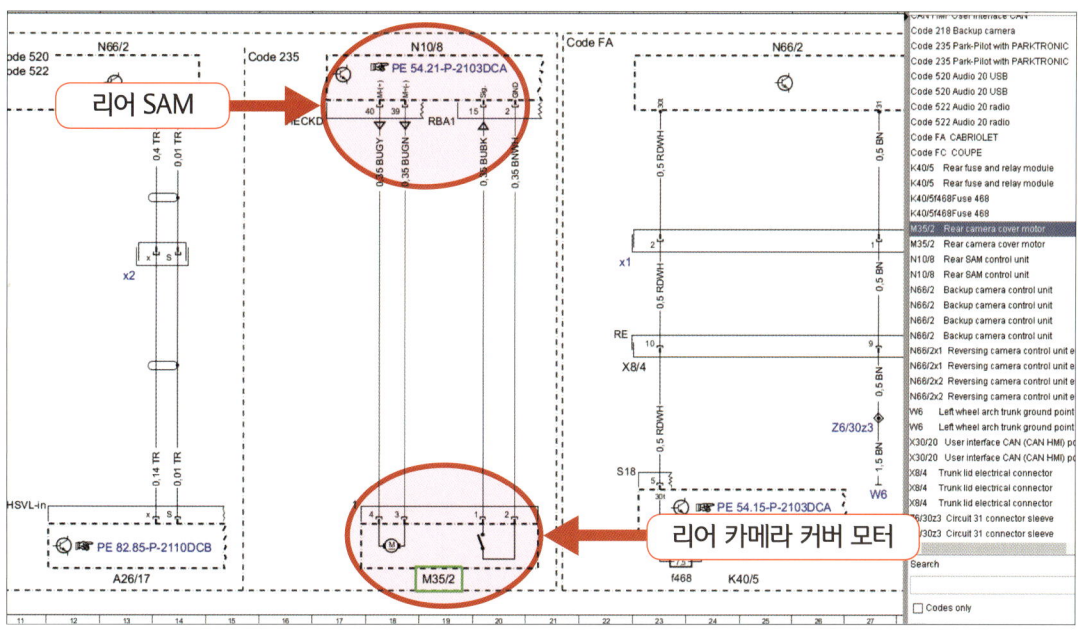

☑ 그림 22.4 N10/8(리어 SAM)과 M35/2(리어 카메라 커버 모터)의 전기 회로도

103

4 N10/8(리어 SAM)과 M35/2(리어 카메라 커버 모터) 배선은 0.2Ω으로 정상이었으며, 육안 점검 시 차량의 외부 데미지나 손상은 없었다.

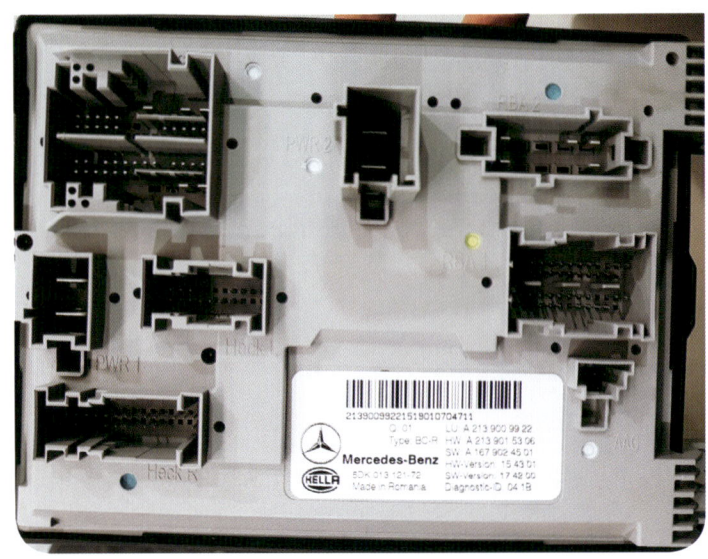

☑ 그림 22.5 N10/8(리어 SAM)의 커넥터 접속 핀 상태

5 N10/8(리어 SAM)을 탈착하여 커넥터 접속 핀 상태와 커플링 단자를 육안으로 점검하였다. 외부 오염이나 외부 손상이 확인되지 않았다. 결국 N10/8(리어 SAM)의 내부 작동 불량으로 인하여 해당 증상이 발생됨으로 판단되었다.

☑ 그림 22.6 리어 카메라의 정상적인 작동 상태

6 N10/8(리어 SAM) 교환한 후 후방 카메라 커버 모터는 정상적으로 작동되었다.

22. 리어 카메라 작동 안 함

트러블의 원인과 수정사항

원인

1. N10/8(리어 SAM)의 내부 작동이 불량하다.

수정사항

1. N10/8(리어 SAM)을 **교환**하였다.

참고

일차적으로 N10/8(리어 SAM)의 소프트웨어 업데이트 작업을 실시하였고, 리어 카메라 커버 모터도 교환하였으나 동일 증상이 발생되었다.

결국 리어 SAM을 교환하고 작업을 완료하였다. M35/2(리어 카메라 플랩 모터)는 N10/8(리어 SAM)에서 직접 제어를 하지만 증상이 간헐적이어서 관련 부품을 점검하는 중에 특이 사항을 발견하지 못해서 진단에 어려움이 있었다.

Mercedes-Benz
172

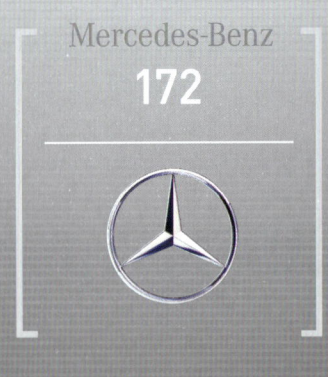

23
간헐적으로 오디오 시스템이 작동하지 않는다

고객불만

간헐적으로 오디오 시스템이 작동하지 않는다.

차량정보

모델	SLC 300
차종	172
차량등록	2018년
주행거리	115km

그림 23.1 172 차량 전면

진단

1. 차량의 오디오 점검 시 간헐적으로 화면에 Device unavailable 메시지의 점등을 확인하였다.

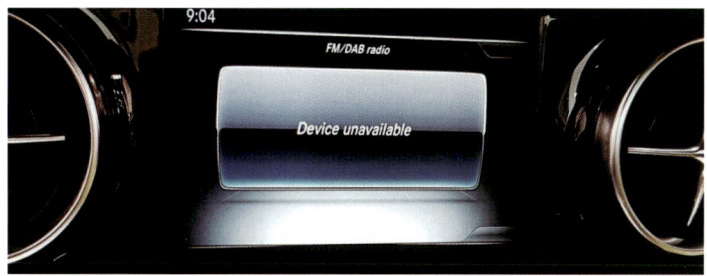

■ 주요 약어
- A40/3
  커맨드 온라인 컨트롤 유닛
- N40/3
  사운드 앰플리파이어 컨트롤 유닛
- N10/2 : 리어 SAM
- A90/4 : 튜너 유닛
- MOST Ring
  커맨드 미디어 시스템 통신 회로

☑ 그림 23.2 오디오 화면에 경고 메세지 점등

2. Xentry 전용 진단기로 전자 시스템을 점검하였다. A40/3(커맨드 컨트롤 유닛) 내부에 오디오 작동 유닛에 기능 이상이 발생하였음을 확인하였다.

3. 가이드 테스트를 실시하였다. MOST Ring의 관련 컨트롤 유닛의 점검을 제시하였다. MOST Ring의 마스터는 A40/3(커맨드 컨트롤 유닛)이고 퍼스트는 A90/4(튜너 유닛)이며, 세컨드는 N40/3(사운드 앰플리파이어 컨트롤 유닛)이다.

4. 동반석 발판 하단에 위치한 N40/3(사운드 앰플리파이어 컨트롤 유닛)을 점검 하였으나 특이사항은 없었다.

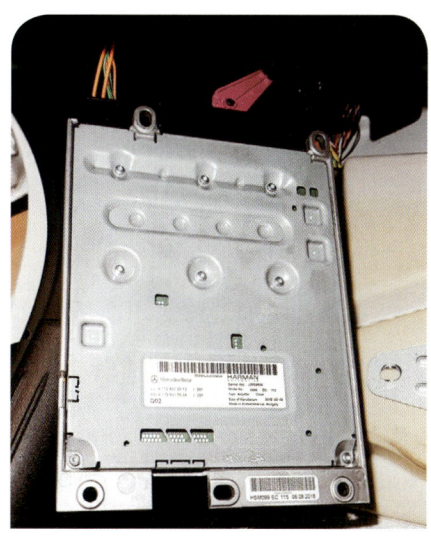

☑ 그림 23.3 N40/3(사운드 앰플리파이어 컨트롤) 유닛 점검

5 A40/3(커맨드 컨트롤 유닛)을 탈착한 후 후방의 커넥터 접속 상태를 점검하였으나 특별한 이상은 없었다.

☑ 그림 23.4 A40/3(커맨드 컨트롤 유닛) 접속 커넥터 점검

6 A40/3(커맨드 컨트롤 유닛)과 N40/3(사운드 앰플리파이어 컨트롤 유닛)의 전원 관련 퓨즈를 점검 하였다. 해당 퓨즈는 N10/2(리어 SAM)에 위치하고 있었다. N40/3(사운드 앰플리파이어 컨트롤 유닛)의 퓨즈는 N10/2f67이고, A40/3(커맨트 컨트롤 유닛)의 퓨즈는 N10/2f69 이었다.

66	N10/2f66	30g	-	Spare	-
67	N10/2f67	30g	4.0 RD	Valid with CODE 810 (Sound system): Sound system amplifier control unit (N40/3)	40
68	N10/2f68	30g	1.5 RDBU	Valid with code B63 (Vehicle sound iESS): Engine sound control unit (N40/1)	15
69	N10/2f69	30g	2.5 RDWH	Valid with code 505 (20 NTG5 radio without navigation capability) or with code 522 (Audio 20 radio): Radio (A2)	20
		30g	2.5 RDWH	Valid with code 531 (COMAND APS): COMAND controller unit (A40/3)	20
70	N10/2f70	30g	0.5 YERD	Valid with CODE 475 (Tire pressure monitor): Tire pressure monitor control unit (N88)	5
71	N10/2f71	15R(1)	0.75 BKRD	Valid for engine 274: Left exhaust flap actuator motor (M16/53)	7.5
72	N10/2f72	15R(2)	-	Spare	-
73	N10/2f73	30	1.0 RD	Valid for engine 274, 276: Charge air cooler circulation pump relay (K61)	10
74	N10/2f74	30	0.75 BK	Valid with CODE 889 (KEYLESS-GO): KEYLESS-GO control unit (N69/5)	7.5
75	N10/2f75	30	2.5 RDOG	Vario roof control control unit (N52)	20

☑ 그림 23.5 리어 SAM 퓨즈 목록

23. 오디오 시스템 간헐적으로 작동 안 함

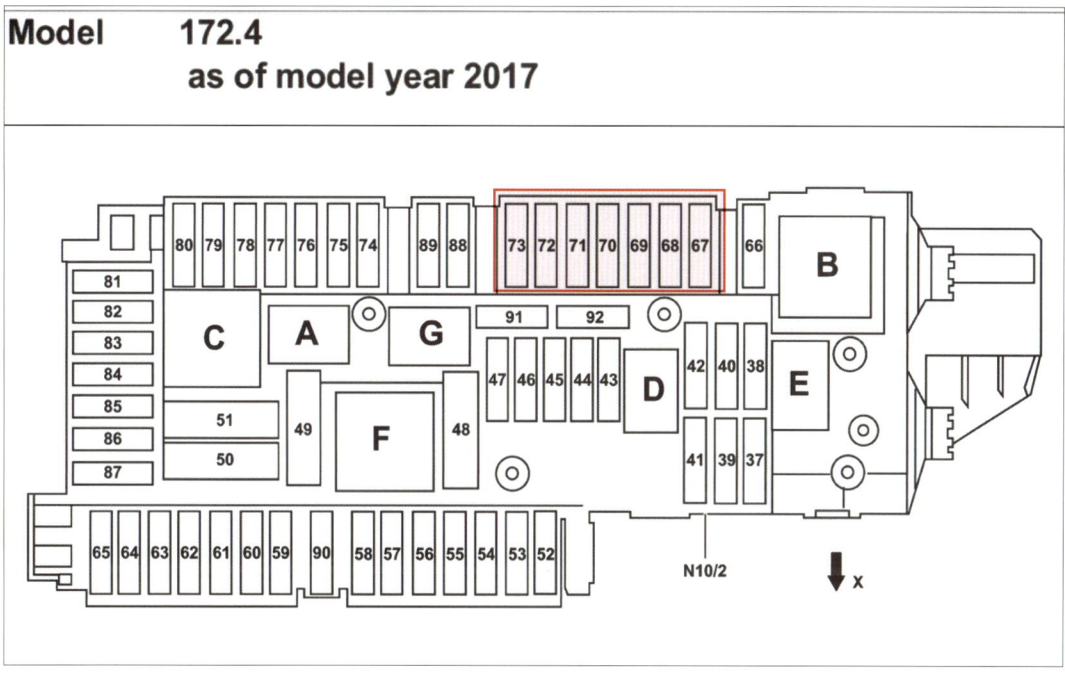

☑ 그림 23.6 N10/2 (리어 SAM) 퓨즈 도표

☑ 그림 23.7 N10/2(리어 SAM) 퓨즈 위치

7. 노란색 퓨즈 홀더가 N40/3(사운드 앰플리파이어 컨트롤 유닛)과 A40/3(커맨드 컨트롤 유닛)의 퓨즈가 설치되어 있다. 퓨즈를 점검하려고 커버를 당기는데 노란색 홀더 자체가 리어 SAM으로부터 분리가 되는 것이다. 결국 퓨즈 홀더의 고정키가 정확히 N10/2(리어 SAM)에 장착이 되지 않아서 퓨즈의 접촉 불량이 발생한 것으로 판단되었다.

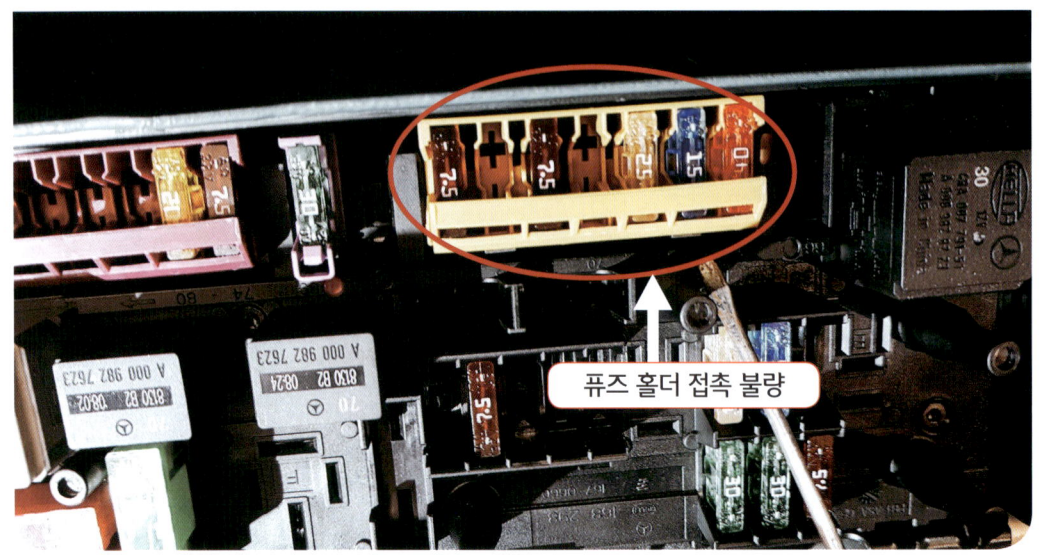

☑ 그림 23.8 N10/2(리어 SAM) N10/2 f67~73 퓨즈 홀더 장착 위치

트러블의 원인과 수정사항

원인

1. N10/2(리어 SAM)의 N10/2 f67~73 퓨즈 홀더의 접촉이 불량하다.

수정사항

1. **N10/2**(리어 SAM)의 **N10/2 f67~73 퓨즈 홀더**의 접촉 상태를 **점검**한 후 재조립 하였다.

참 고

1. 해당 차량의 경우는 총 주행거리가 115km 밖에 되지 않는 신형 차량이다. 차량의 초기 조립 과정에서 발생된 증상이라고 판단하였다.
2. **MOST Ring** 부품을 하나씩 개별적으로 점검 시에 특이 사항은 없었다. 관련 부품을 하나씩 점검해 보면 위와 같이 초기의 조립 실수가 발생된 것을 발견할 수 있다.
3. 항상 점검하는 것이라서 등한시할 수 있으나 전원 공급 회로와 퓨즈는 반드시 직접 점검을 해야 한다.

Mercedes-Benz 204

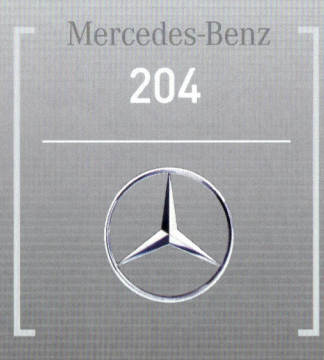

24
운전석 시트 릴리스 핸들이 손상되었다

고객불만

운전석 시트 릴리스 핸들이 손상되었다.

차량정보

모델	C 250
차종	204
차량등록	2014년
주행거리	52,489km

✓ 그림 24.1　204 차량 전면

진단

1. 기존 작업자가 운전석 시트 릴리스 핸들 부품을 주문해 두었다. 운전석 시트를 탈착하였다.

☑ 그림 24.2 운전석 시트 탈착

2. 운전석 시트의 헤드 레스트를 탈착하고, 헤드 레스트 가이드를 탈착하였다. 시트 헤드 레스트 가이드는 탈착 시 새 부품으로 교환을 해야 한다.

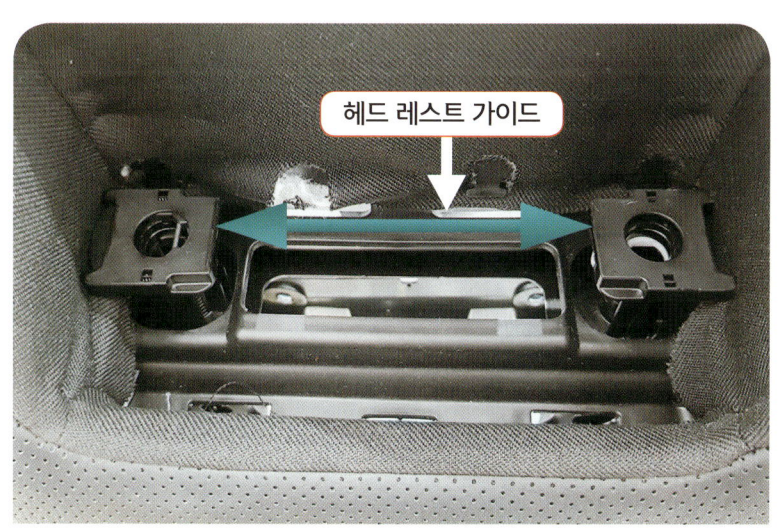

☑ 그림 24.3 운전석 시트 헤드 레스트 탈착

3. 운전석 시트 릴리스 핸들을 새로운 부품으로 교환하였다.

☑ 그림 24.4
운전석 시트 릴리스 핸들 교환

트러블의 원인과 수정사항

원인

1. 운전석 시트 릴리스 핸들이 손상되었다.

수정사항

1. 운전석 **시트 릴리스 핸들**을 교환하고, **시트 헤드 레스트 가이드**도 동시에 **교환**하였다.

참고

WIS에 의거하여 작업 시 동시 교환 부품을 확인하고 작업을 해야 한다. 해당 작업 시 시트 헤드 레스트 가이드는 탈거 시 파손되므로 반드시 동시에 교환해야 한다.

Mercedes-Benz
230

차량정보

모델	SL 350
차종	230
차량등록	2005년
주행거리	108,125km

25
운전석 시트가 작동하지 않는다

고객불만

운전석 시트가 작동하지 않는다.

그림 25.1 230 차량 전면

진단

1 운전석 시트의 작동 점검 시 모든 모터가 작동이 되지 않았다.

2 Xentry 전용 진단기로 점검을 실시하였으나 운전석 시트 컨트롤 유닛이 검색되지 않았다. 일차적으로 해당 차량의 출고 연식과 차종에 맞추어서 운전석 시트 컨트롤 유닛의 회로도와 퓨즈 위치를 점검하였다.

■ 주요 약어

• K40/2
운전석 측면 퓨즈와 릴레이 모듈

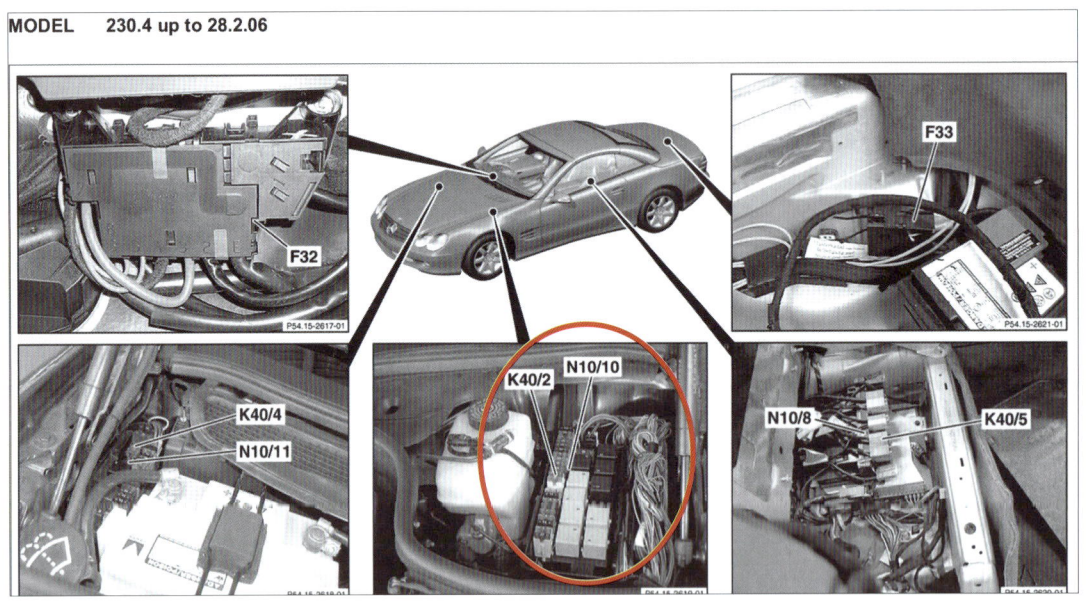

☑ 그림 25.2 퓨즈와 릴레이 박스 위치

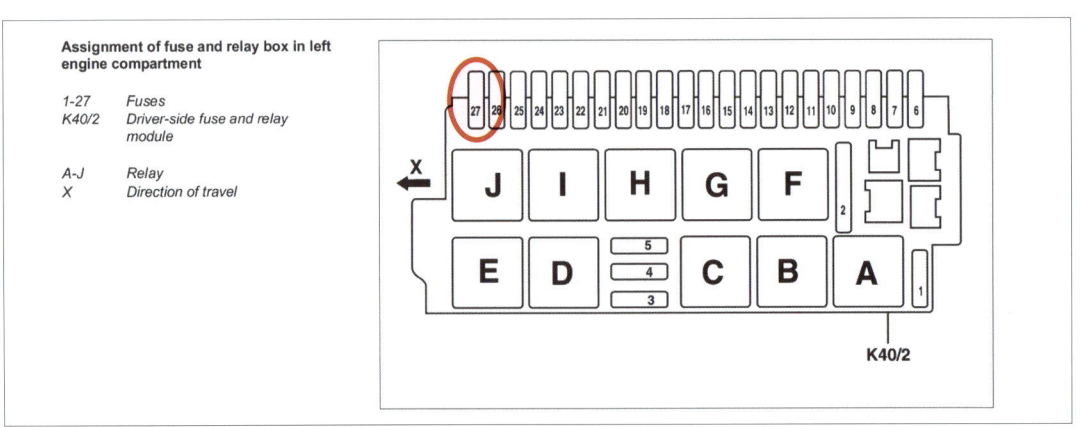

☑ 그림 25.3 운전석 측면 퓨즈와 릴레이 모듈(K40/2) 퓨즈 도표

25. 운전석 시트가 작동 안 함

F20	15	BKGN 0.75	Data link connector (X11/4)	7.5
F21	15R	BKYE 0.5	Instrument cluster (A1)	5
F22	30	RDYE 0.5	Instrument cluster (A1)	5
F23	30	RDWH 1.0 RDWH 1.0	• AAC [KLA] control and operating unit (N22) • Coolant circulation pump (M13)	10
F24	30	RDWH 0.5	Stop lamp switch (S9/1)	5
F25	30	RDYE 0.75	Alarm signal horn (H3)	7.5
F26	30	RDBU 0.5	Lower control panel control unit (N72)	5
F27	30	RDVT 2.5	Left front seat adjustment control unit with memory (N32/1)	30

☑ 그림 25.4 운전석 측면 퓨즈와 릴레이 모듈 목록

트러블의 원인과 수정사항

원인

1. 운전석 시트 컨트롤 유닛의 퓨즈 K40/2-F27-30A가 단선이었다.

수정사항

1. **운전석 시트 컨트롤 유닛**의 퓨즈를 **교환**하였다.

참고

1 운전석 시트 컨트롤 유닛 퓨즈를 교환 후 추가 점검을 하였다. 시트 조절 스위치로 작동 시 시트의 작동이 원활하지 못하여 시트 하단을 육안 점검하였다.

2 운전석 시트 레일에 동물의 털과 머리카락 그리고 과자 부스러기 등의 생활 쓰레기들이 시트 레일에 쌓여서 막혀 있었다. 이로 인하여 시트의 작동 상태가 원활하지 못한 것으로 판단하였다.

3 운전석 시트를 탈착하고 시트 레일을 청소하고 윤활을 실시하였다. 애완동물을 키우는 운전자의 경우 이러한 경우가 다수 발생한다.

4 퓨즈의 단선이 발생하는 경우는 부하가 발생하는 위치를 반드시 점검하고 확인해야 한다.

Mercedes-Benz
203

26
엔진 경고등이 점등하였다

고객불만

엔진 경고등이 점등하고 가속이 잘되지 않는다.

차량정보

모델	C 180 Kompressor
차종	203
차량등록	2004년
주행거리	159,240km

☑ 그림 26.1 203 차량 전면

! 부가내용 Kompressor 단어의 유래는 슈퍼차저를 장착한 차량을 의미한다. 영어로 압축기를 Compressor 라고 하나 독일에서는 Kompressor로 사용한다.

진단

1. 엔진을 시동하고 회전 상태를 점검하였으나, 엔진 경고등의 점등 외에는 특이 사항은 없었다.

2. Xentry 전용 진단기로 전자 시스템을 점검하였다. 엔진 컨트롤 유닛 내부에 혼합기 형성의 기능에 이상이 발생하였다는 고장 코드를 확인하였다.

3. 가이드 테스트를 실시하였다. 과급 에어 시스템의 누유를 점검하기 위하여 특수 공구의 설치를 제시하였다.

■ 주요 약어

· Self adaptation
  (셀프 어뎁테이션)
  공기 혼합기 자가 적응

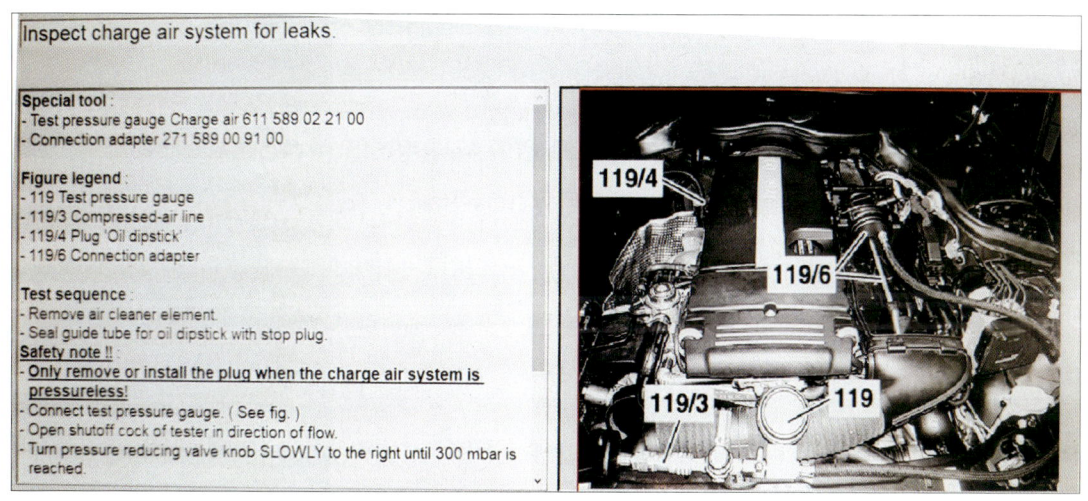

☑ 그림 26.2 과급 공기 장치 공기 누유 점검

4. 실제 값에서 셀프 어뎁테이션(공기 혼합기 자가 적응) 상태를 점검하였다. 셀프 어뎁테이션 공회전 범위의 실제 값이 −1.99mg/TDC(규정값 : −1.0 ~ 1.0 mg/TDC)으로 규정값을 초과하였다.

☑ 그림 26.3 셀프 어뎁테이션 실제 값 점검

5 에어클리너 커버를 탈착하고, 특수 공구를 설치하여 과급 공기의 누설을 점검하였다.

☑ 그림 26.4 과급 공기 누설 점검 테스터 설치

6

과급 공기 누설 점검 테스터의 압력 조절기로 가압을 하면서 점검 시 솔레노이드 밸브에 연결된 진공 호스에서 공기가 누설됨을 확인하였다.

7

손상된 진공 호스를 교환 후 점검한 결과 정상이었다.

☑ 그림 26.5
솔레노이드 연결 진공 호스 손상됨

26. 엔진 경고등이 점등

 정상 진공 값은 약 300mbar에서 게이지가 서서히 떨어지면 된다. 만약에 기밀의 누설이 있다면 급격히 0으로 떨어지게 된다.

☑ 그림 26.6 과급 공기 시스템의 압력이 유지됨

트러블의 원인과 수정사항

원인

1. 솔레노이드 밸브에 연결된 진공 호스가 손상되었다.

수정사항

1. 손상된 **진공 호스**를 **교환**하였다.

참고

1. 해당 차량은 이전 작업자가 엔진 탈·장착 작업 후 발생된 증상이다.
2. 엔진 작업 이후에 진공 호스를 연결하였으나 진공 호스의 경화로 인하여 솔레노이드 니플에 장착 시 크랙이 발생하여 상기 증상이 발생된 것으로 판단된다.
3. M271 엔진에서 다수 확인이 가능하다.

Mercedes-Benz
246

차량정보

모델	B 200
차종	246
차량등록	2014년
주행거리	76,930km

27
냉각수가 누수된다.

고객불만

1. 냉각수가 누수 된다.
2. 냉각수 경고등이 점등된다.

✓ 그림 27.1 246 차량 전면

진 단

1

냉각수 경고등을 확인하고,
냉각수 누수 점검 압력 테스터를
연결하였다.

2

냉각수 누수 압력 테스터로
가압을 하면서 누수를 점검하였다.

☑ 그림 27.2
냉각수 누수 점검 압력 테스터 설치

3

냉각수 리저버 탱크 하단에서
냉각수의 누수를 확인하였다.

냉각수 누수됨

☑ 그림 27.3
냉각수 리저버 탱크 하단 누수 확인

4 냉각수 리저버 탱크 하단에 크랙이 발생하여 냉각수가 누수되고 있었다.

☑ **그림 27.4 냉각수 리저버 탱크 하단에 크랙 발생**

트러블의 원인과 수정사항

원 인

1. 냉각수 리저버 탱크 하단에 크랙이 발생하였다.

수정사항

1. **냉각수 리저버 탱크를 교환**하였다.

참 고

1 냉각수 리저버 탱크를 교환하고 냉각수 비중을 맞추어 주입을 하였다.
2 냉각수 누수 점검을 재실시 하였으나 이상 없음을 확인하고 냉각수 레벨링으로 마무리 하였다.
3 246 차량에서 동일 증상의 확인이 가능하다.

Mercedes-Benz
463

28
리어 좌측 도어락의 작동이 불량하다

고객불만

리어 좌측 도어락의 작동이 불량하다.

차량정보

모델	G 63 AMG
차종	463
차량등록	2017년
주행거리	25,434km

☑ 그림 28.1 463 차량 전면

> **! 부가 내용**
> 메르세데스-벤츠 G 클래스(Mercedes Benz G-Class)는 독일 메르세데스-벤츠에서 제작 판매하는 대형 SUV이다. "G"는 오프로더를 의미하는 Geländewagen를 뜻한다.

진단

1

차량의 모든 도어락을 작동 시 간헐적으로 리어 좌측 도어락의 작동이 불량함을 확인하였다.

☑ 그림 28.2
리어 좌측 도어 라이닝

2

좌측 도어락을 점검하기 위하여 리어 좌측 도어 라이닝을 탈착하였다.

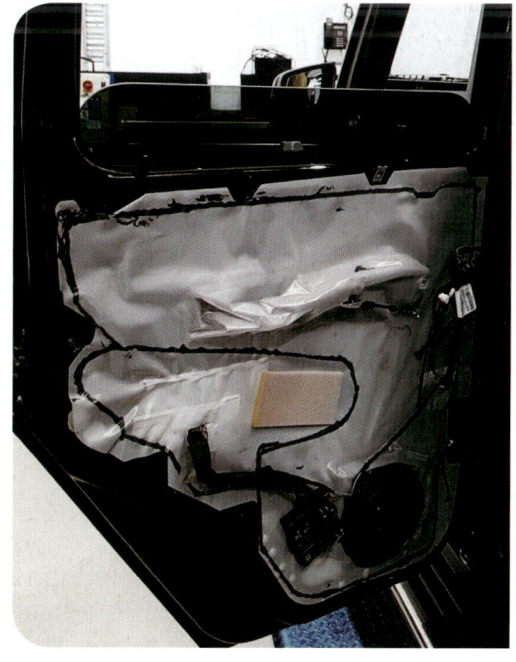

☑ 그림 28.3
리어 좌측 도어 라이닝 탈착 후

3 리어 좌측 도어 라이닝의 내부 비닐을 조심스럽게 탈거하고 도어락을 점검하였다.

4 도어락의 연결 커넥터와 모터를 점검 시 외부 손상이나 오염은 없었다.

5 도어락 내부 모터의 작동이 간헐적으로 불량하였다.

☑ 그림 28.4 리어 좌측 도어 도어락

트러블의 원인과 수정사항

원 인

1. 리어 좌측 도어락의 작동 모터가 작동이 불량하다.

수정사항

1. **리어** 좌측 **도어락의 작동 모터를 교환**하였다.

참 고

463 차량은 과거부터 장착되어온 부품과 현재의 부품이 함께 장착되어 공존하고 있다. 도어락의 사운드는 과거의 기계적 감성으로 작동하고 있다.

Mercedes-Benz
463

차량정보

모델	G 350
차종	463
차량등록	2016년
주행거리	7,706km

29
보조 배터리 경고등이 점등하였다

고객불만

보조 배터리 경고등이 점등하였다.

✓ 그림 29.1　463 차량 전면

진단

1. Xentry 전용 진단기로 전자 시스템을 점검해 보니 보조 배터리(AGM 배터리)가 불량함을 확인하였다.

2. 보조 배터리를 점검하기 위하여 메인 배터리를 탈착하였다. 메인 배터리는 중앙 콘솔의 뒤쪽으로 리어 컵 홀더 하단에 위치해 있다.

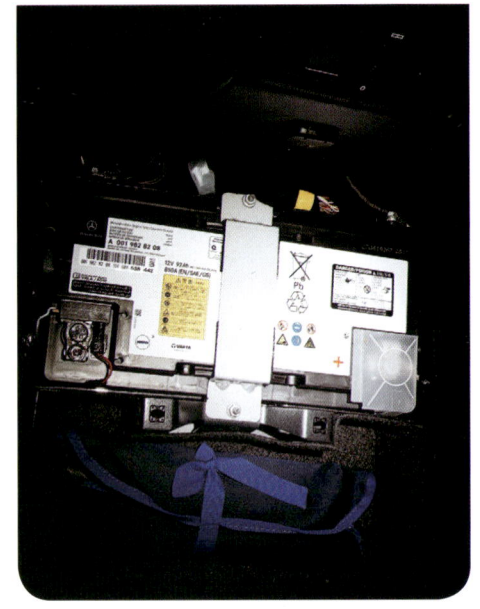

☑ 그림 29.2 메인 배터리 위치

3. 메인 배터리를 탈착한 후 하단에 눕혀진 보조 배터리를 확인할 수 있다.

☑ 그림 29.3 보조 배터리 위치

4. 보조 배터리를 탈착하고 Midtronic 배터리 전용 테스터로 점검을 실시하였다. 테스트 결과는 **REPLACE BATTERY**로 확인되었다.

 **⚠ 보조 배터리 불량 한계값**

Midtronic battery test로 직접 측정하여 결과 값으로 판단한다.

☑ 그림 29.4 보조 배터리 탈착 전

트러블의 원인과 수정사항

원인

1. 보조 배터리(AGM 배터리)가 불량하다.

수정사항

1. **보조 배터리**를 **교환**하였다.

참고

1 보조 배터리의 위치가 메인 배터리의 하단에 위치하였다. 무거운 메인 배터리 탈착 시 신체의 부상에 주의해야 한다.

2 그리고 전기 배선의 위치가 협소하므로 장착 시 배선의 배치를 잘 정리해서 전기 배선의 2차 손상을 방지하여 조립하도록 한다.

Mercedes-Benz
221

30
엔진 **시동**이 걸리지 않는다

고객불만

엔진 시동이 걸리지 않아서 견인하여 입고하였다.

차량정보

모델	S 600
차종	221
차량등록	2016년
주행거리	101,700km

☑ 그림 30.1 221 차량 전면

진단

1. 점화 스위치를 돌리면 엔진의 시동이 걸리지 않았다. 계기판은 작동하고 각종 전기 장치도 작동이 되나, 엔진의 크랭킹이 되지 않았다.

2. 해당 엔진은 M275 엔진으로 12기통 차량이다. 증상의 해결이 쉽지 않은 생각이 들었다. 기본적으로 퓨즈를 점검하였다.

3. 점화 스위치를 ON 위치로 돌리면 프런트 SAM의 N10/1-F21-20A 퓨즈가 단선이 되었다. 해당 퓨즈는 엔진 회로인 Z7/38(터미널 87 M1i 커넥터 슬리브) 회로와 연결되어 있었다.

■ 주요 약어

- N10/1
  프런트 SAM
- Z7/38
  터미널 87 M1i 커넥터 슬리브
- N10/1KC
  회로 87 엔진 릴레이
- N10/1KH
  회로 50 스타터 릴레이
- N3/10
  엔진 컨트롤 유닛
- N91
  ECI 점화 시스템 파워 팩
- N92/1
  ECI 우측 점화 모듈
- N92/2
  ECI 좌측 점화 모듈

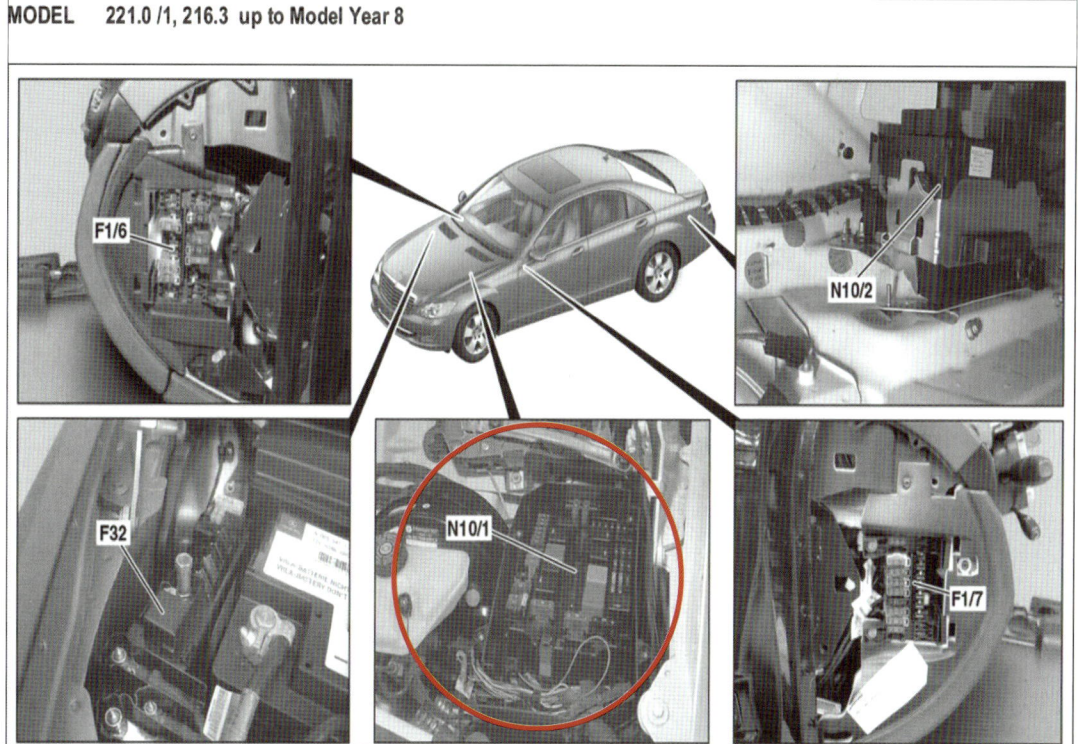

그림 30.2 퓨즈 위치 표시

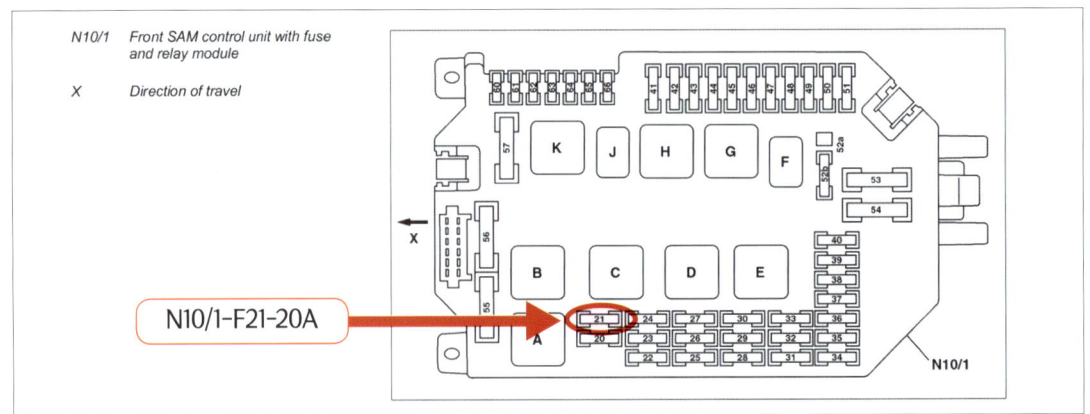

✅ 그림 30.3 운전석 좌측 프런트 SAM의 퓨즈와 릴레이 위치 표시

4 프런트 **SAM**의 **N10/1f21**(터미널 87 M1i 커넥터 슬리브, Z7/38) 퓨즈를 교환해도 점화 스위치를 ON 위치로 돌리면 다시 퓨즈가 단선이 되었다. 이러한 증상이 반복되었다.

Bay	Fuse	Terminal	Cable ID (fused line)	Fused function	Fuse rating in amperes (A)
20	N10/1f20	30	0.75 RD	**Valid for engine 642:** • CDI control unit (N3/9) **Valid for engines 272, 273:** • ME-SFI [ME] control unit (N3/10/)	10
			1.0 RD	**Valid for engine 275:** • ME-SFI [ME] control unit (N3/10/)	
21	N10/1f21	87M1	2.5 RDBU	**Valid for engines 272, 273:** • Terminal 87 M1i connector sleeve (Z7/38)	20
			RDGN 1.5	**Valid for engine 275:** • Terminal 87 M1i connector sleeve (Z7/38)	
22	N10/1f22	87M4	2.5 RDGY	**Valid for engines 272, 273:** • Terminal 87 connector sleeve (Z7/5)	15
23	N10/1f23	87M2	1.5 RDGN	• Terminal 87 connector sleeve (Z7/5)	20
			RDGN 1.5	**Valid for engine 275 (model 216):** • Terminal 87 M1i connector sleeve (Z7/38)	
			RDGN 2.5	**Valid for engine 273 (model 216):** • Terminal 87 M2e connector sleeve (Z7/36)	
			RDGN 2.5	**Valid for engines 272, 273 (model 221):** • Terminal 87M2i connector sleeve (Z7/39)	
			RDGN 2.5	**Valid for engine 642:** • Terminal 87 connector sleeve (Z7/5)	
24	N10/1f24	87M3	2.5 RDBK	**Valid for engines 272, 273:** • Terminal 87M1e connector sleeve (Z7/35)	25
			2.5 RDYE	**Valid for engine 642:** • CDI control unit (N3/9)	
25	N10/1f25	30	0.5 GNYE	• Instrument cluster (A1)	7.5
26	N10/1f26	15	1.5 PKBU	• Left front lamp unit (E1)	10
27	N10/1f27	15	1.5 PKGN	• Right front lamp unit (E2)	10
28	N10/1f28	15R	0.75 RDGN	**Valid for engine 275:**	7.5

✅ 그림 30.4 운전석 좌측 프런트 SAM의 퓨즈 목록

30. 엔진 시동 걸리지 않음

☑ 그림 30.5 운전석 좌측 프런트-SAM의 퓨즈와 릴레이

5 프런트 SAM의 N10/1f21(터미널 87 M1i 커넥터 슬리브, Z7/38)의 전기 회로를 직접 점검하였다. 배선 회로는 N10/1KC(회로 87 엔진 릴레이)로부터 시작이 되어서 N10/1KH(회로 50 스타터 릴레이)를 지나서 N3/10(엔진 컨트롤 유닛)으로 연결이 되어 있다.

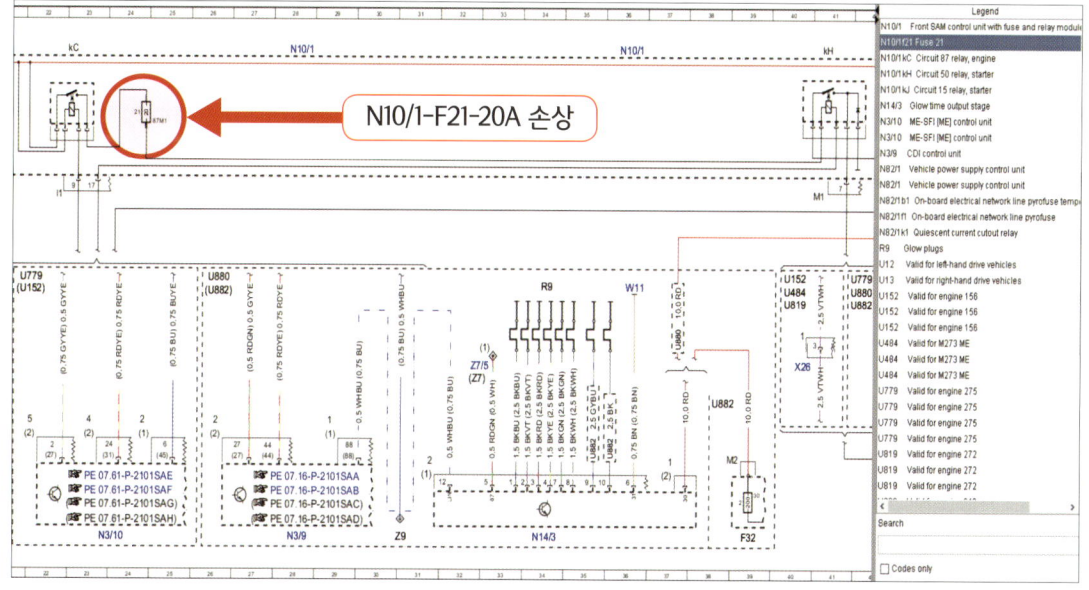

☑ 그림 30.6 프런트 SAM의 N10/1KC(회로 87 엔진 릴레이) 전기 배선 회로도

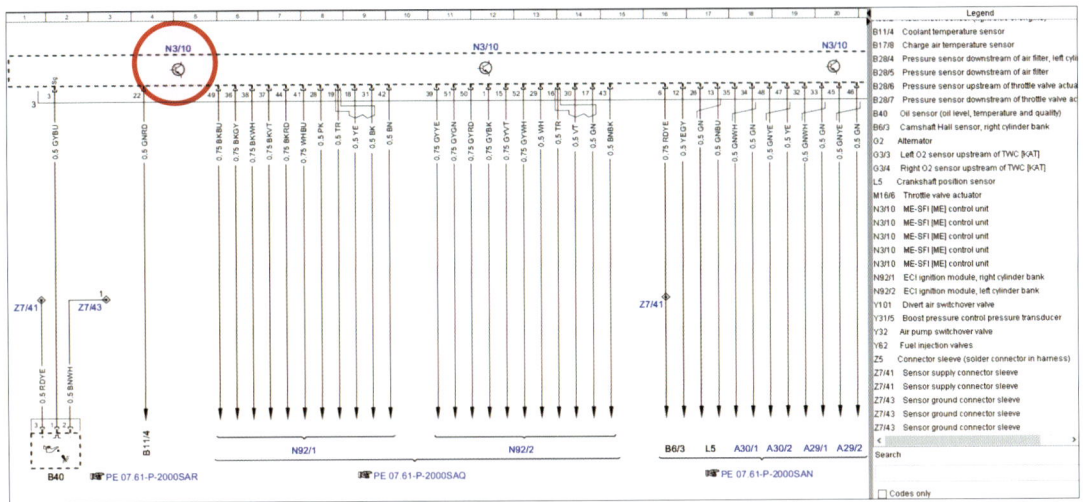

✅ 그림 30.7 N3/10(엔진 컨트롤 유닛) 전기 배선 회로도

6. Z7/38(회로 87 M1i 커넥터 슬리브)를 점검하였다. Z7/38은 N91(ECI 점화 시스템 파워 팩), 연료 인젝터 등과 매우 복잡하게 회로가 연결되어 있음을 확인하였다.

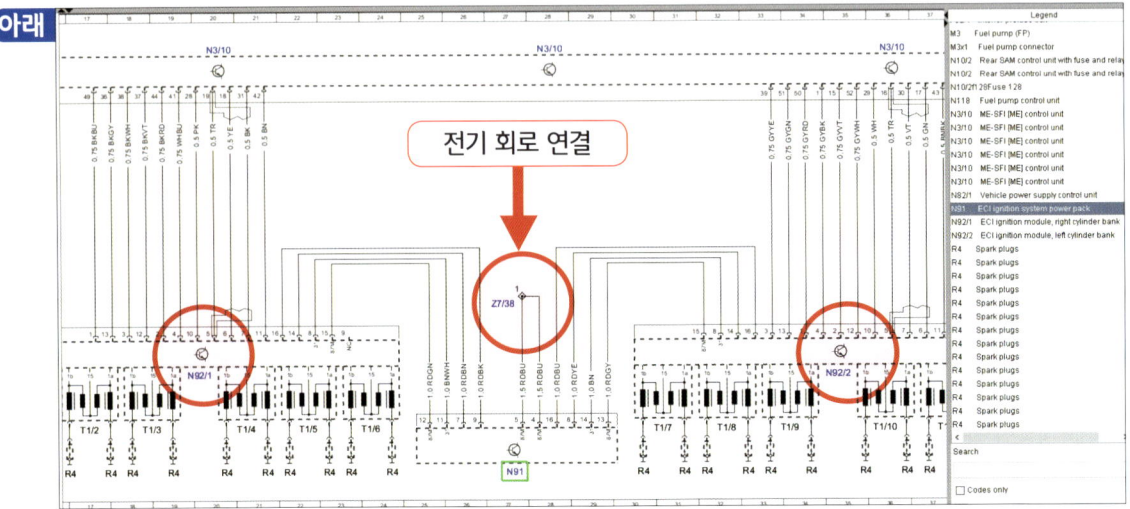

✅ 그림 30.8(위) Z7/38(회로 87 M1i 커넥터 슬리브)와 연결된 전기 회로
✅ 그림 30.9(아래) Z7/38(회로 87M1i 커넥터 슬리브)와 N91(ECI 점화 시스템 파워 팩) 연결 회로

30. 엔진 시동 걸리지 않음

7. **N10/1f21**(터미널 87 M1i 커넥터 슬리브, Z7/38) 퓨즈가 단선되는 증상이 계속 발생되어서 몇 가지 테스트를 시도해 보았다.

8. **N92/1**(ECI 우측 점화 모듈) 커넥터를 탈거하고 Key ON 점검 시 퓨즈가 단선이 되었다.

9. **N92/2**(ECI 좌측 점화 모듈) 커넥터를 탈거하고 Key ON 점검 시 동일하게 퓨즈는 단선이 되었다.

10. **N91**(ECI 점화 시스템 파워 팩) 커넥터를 탈거하고 Key ON 점검 시 퓨즈가 이상이 없었다.

11. **N91**(ECI 점화 시스템 파워 팩)의 내부 단락으로 판단되었다. **N91**의 접지를 탈착하며 점검해 보니 스파크가 발생하고 있음을 확인 하였다.

12. 테스트를 위하여 **N10/1f21**의 퓨즈는 규정이 20A이나 25A로 변경하여 퓨즈를 접속하였다. 그리고 Key ON 점검 시 이상은 없었다. 엔진 시동도 정상적으로 작동 되었다.

13. **N91**(ECI 점화 시스템 파워 팩), **N92/1**(ECI 우측 점화 모듈)과 **N92/2**(ECI 좌측 점화 모듈)의 커넥터를 육안으로 점검하였다. 커넥터의 오염이나 커넥터 핀의 손상 등 특이 사항은 없었다.

☑ 그림 30.10 **N91, N92/1, N92/2 커넥터 탈거 후 점검**

✅ 그림 30.11 N91(ECI 점화 시스템 파워 팩) 절연 전압

14 그림 30.12에서는 엔진이 정상적으로 회전하는 실제 값을 보여주고 있다.

Vehicle	221.176		Control unit	ME 2.7.2	
Preconditions for test					
	Name		Specified value	Actual value	
004	Engine speed			619	1/min
001	Temperature of coolant			56	°C
016	Battery voltage		[12.0...15.0]	14.8	V
379	Oil temperature		>= 80	39	°C
380	Oil level (Engine not running)		[60... 76]	9	mm
380	Oil level (Engine at idle)		[22... 48]	9	mm
381	Oil quality		[1.0...4.0]	2.2	
071	Fuel tank level		>= 10.0	89.0	l
055	Safety fuel shutoff		ON/**OFF**	ON/**OFF**	

✅ 그림 30.12 엔진 정상 회전 상태의 실제 값

15 그림 30.13에서는 M275 엔진에 장착된 점화 모듈의 기능을 보여주고 있다. 해당 엔진은 각 실린더 당 점화를 제어하는 개별 점화 코일 방식이 아니다. 총 12기통으로 좌·우로 실린더 뱅크가 나누어져서 6기통씩 점화 모듈이 뱅크마다 하나씩 설치되어 점화 장치를 제어한다.

16 해당 엔진은 회전 중에 이온 전류 시그널을 검출하여 엔진의 부조를 감지하여 조절한다.

30. 엔진 시동 걸리지 않음

17 **M275** 엔진은 점화 플러그가 각 실린더 당 2개씩 장착이 되어있다. 엔진에 장착된 총 점화 플러그는 24개가 설치되어 있다.

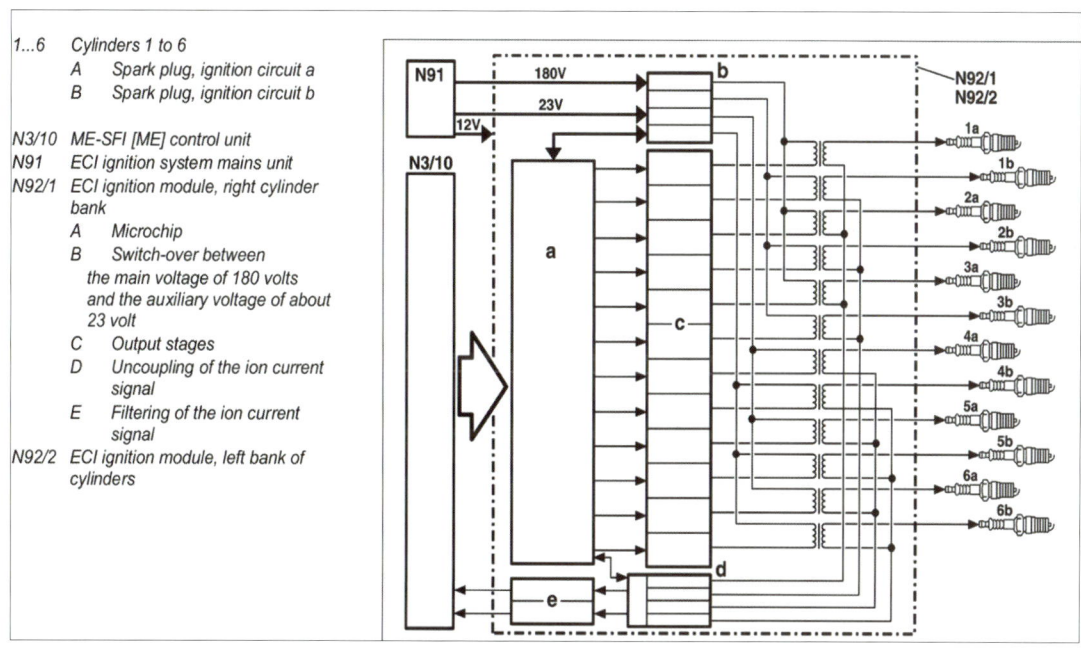

☑ 그림 30.13 점화 모듈의 기능

18 **M275** 엔진은 각 실린더 당 설치된 점화 코일 대신에 ECI 점화 모듈이 그 기능을 대체 한다. 그림 30.14는 점화 모듈의 위치를 보여주고 있다. 엔진의 좌·우로 하나씩 장착되어 있다.

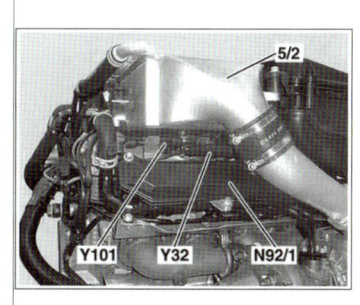 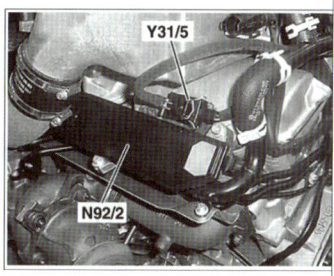

☑ 그림 30.14 N92/1과 N92/2의 위치

19 그림 30.15는 ECI 점화 모듈의 외관을 보여주고 있다. 외부 구조는 플라스틱 커버로 덮어진 알루미늄 다이 캐스트 하우징이다. 실린더 뱅크 당 하나의 ECI 점화 모듈은 12개의 점화 플러그 소켓으로 구성되어 있으며, 점화 코일이 포함된 기능으로 작동한다.

20 ECI 점화 모듈의 전기적 구조는 내부 회로 서킷 보드에는 개별적 부품들(**콘덴서, 저항**), 마이크로 칩과 이온 전류 측정 필터로 구성되어 있다. 엔진의 회전 중에 흔들리는 회로를 제어하고, 점화 출력 단계 회로를 조절한다. 180V의 메인 전압과 23V의 보조 전압 사이의 전환이 가능하다.

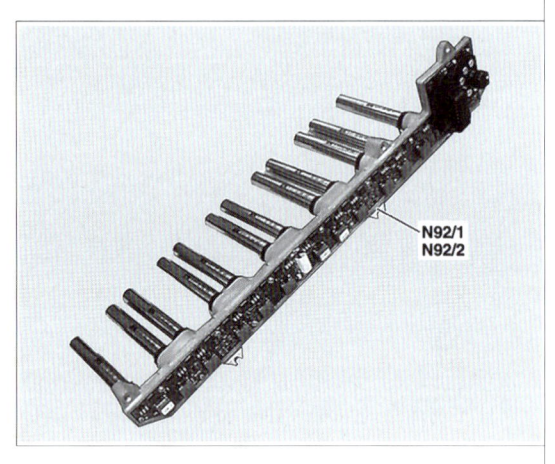

☑ 그림 30.15 N92/1, N92/2(ECI 점화 모듈)의 외관

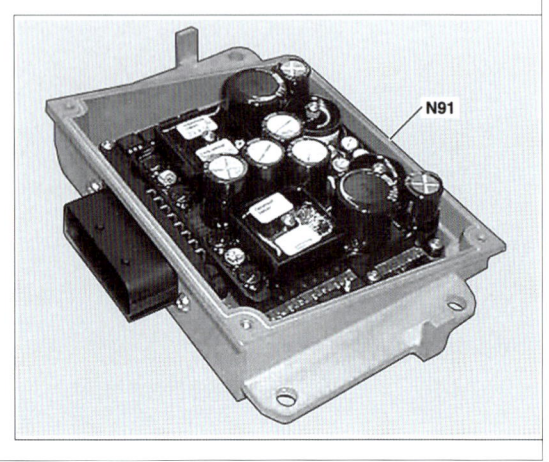

☑ 그림 30.16 N91의 내부 구성 부품

30. 엔진 시동 걸리지 않음

트러블의 원인과 수정사항

원인

1. N91(ECI 점화 시스템 파워 팩)의 내부 회로가 단락되었다.

수정사항

1. **N91**(ECI 점화 시스템 파워 팩)을 **교환**하고, **N10/1-f21**(터미널 87 M1i 커넥터 슬리브)은 **규정 퓨즈**인 20A로 **교체**하였다.

참고

1. 차량의 시스템을 충분히 파악하고, 여러 방면의 점검 방법을 시도하여 증상을 해결하였다.
2. 전기 배선 회로도가 실제 차량과 약간 상이함이 확인되어 충분히 실제 차량과 회로도를 직접 비교하여 점검하였다.
3. WIS의 전기 배선 회로도를 자주 확인하고 눈에 익혀서 필요한 내용을 정확히 찾을 수 있도록 꾸준히 노력해야 한다.
4. 특히 회로도의 약어를 최대한 많이 숙지하는 것이 신속한 진단 방법의 첩경임을 알아야 한다.

Mercedes-Benz
156

31
엔진 경고등이 간헐적으로 점등한다

고객불만

엔진 경고등이 간헐적으로 점등한다.

차량정보

모델	GLA 200 CDI
차종	156
차량등록	2014년
주행거리	65,529km

그림 31.1 156 차량 전면

진단

1. Xentry 전용 진단기로 전자 시스템 점검해보니 CAN 통신 오류를 확인하였다.
2. CAN 통신을 확인하기 위하여 동반석 플로어 매트를 탈착해보니 수분이 바닥에 고여 있음을 확인하였다. 바닥에 고여 있던 수분으로 인하여 곰팡이가 일부 확인되었다.

■ 주요 약어
- X30/21
  드라이브 트레인 CAN 분배기
- X30/38
  드라이브 트레인 센서 CAN 분배기

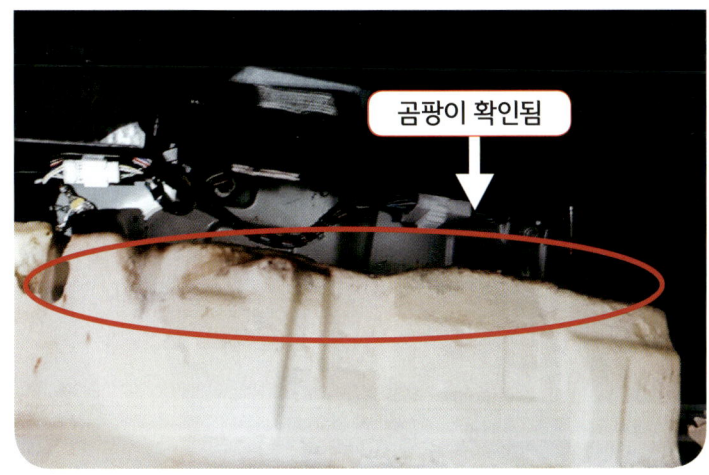

☑ 그림 31.2 동반석 플로어 매트 점검

3. 육안으로 점검 시 에어컨 응축수가 드레인 호스에서 물이 역류하는 것이 확인되었다.

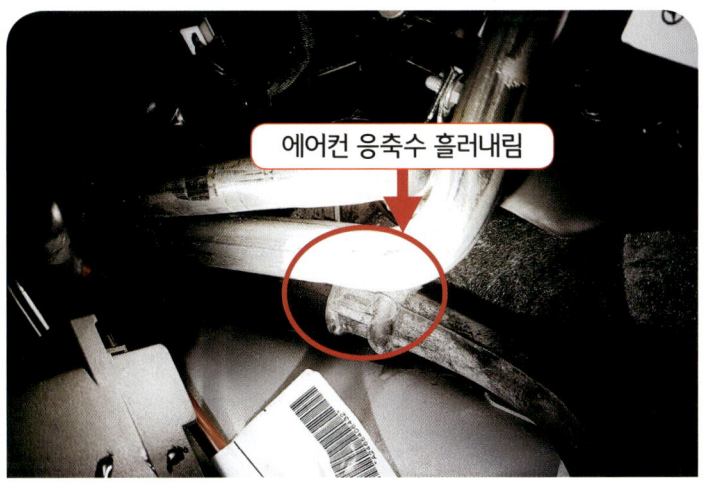

☑ 그림 31.3 에어컨 응축수 호스에서 응축수가 역류함

4 에어컨 응축수 드레인 호스 내부가 막힌듯한 생각이 들어서 호스를 탈거하여 점검 해보니 드레인 호스 내부에 바퀴벌레가 들어가서 끼어 있었다. 결국 에어컨 응축수가 실외로 배출되지 못하고 실내로 역류하게 된 것이다.

☑ 그림 31.4 바퀴벌레가 에어컨 응축수 드레인 호스 내부에 끼어서 막힘

5 실내 물기 제거를 위하여 운전석과 동반석 시트를 탈거하고, 플로어 매트를 탈거하였다.

☑ 그림 31.5 앞 좌·우 시트 탈거

6 플로어 매트를 탈거해 보니 운전석 매트는 수분이 없었으나, 동반석 매트는 수분이 축축히 젖어 있었다. 동반석 플로어 매트 앞에는 퓨즈와 릴레이 모듈이 위치해 있어서 점검하였다.

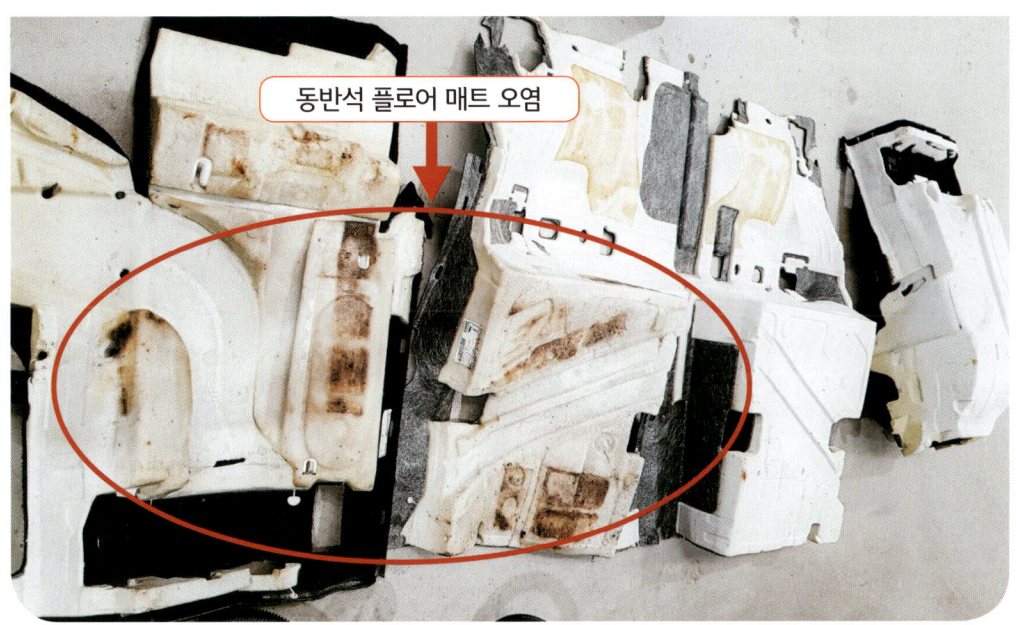

그림 31.6 실내 플로어 매트 탈거

7 동반석 퓨즈와 릴레이 모듈에 약간의 수분이 확인되었다. 보조 배터리 브래킷에도 수분이 확인되었다. 각 단자의 수분 유입 여부를 확인하고 클리닝을 실시하여 부식을 방지하였다.

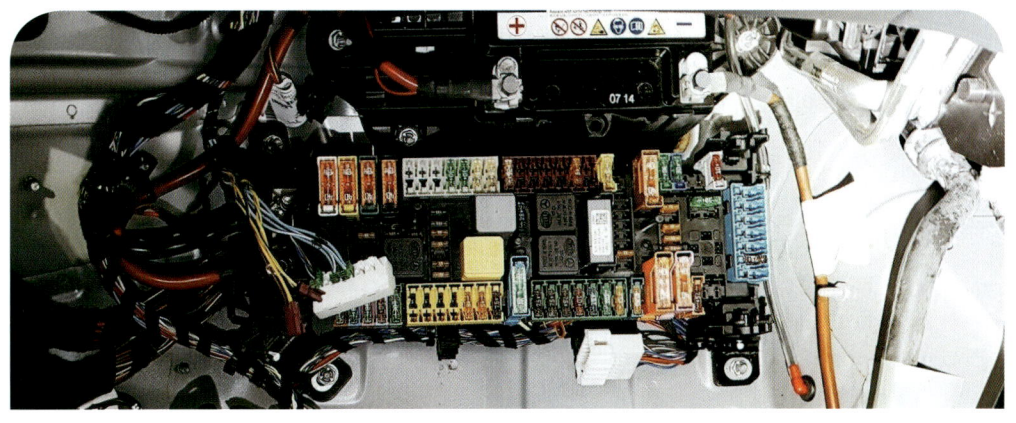

그림 31.7 동반석 퓨즈와 릴레이 모듈 수분 확인

8 동반석 퓨즈와 릴레이 모듈에 위치한 X30/21(드라이브 트레인 CAN 분배기) 파란색 배선의 연결 커넥터를 탈착하여 점검을 실시하였으나 부식은 없었다.

☑ 그림 31.8 CAN 분배기 점검

9 X30/38(드라이브 트레인 센서 CAN 분배기) 노란색 배선의 연결 커넥터를 점검을 하였다. 커넥터 내부에 부식이 발생되어 있음을 확인하였다. 수분 침투로 인한 부식이 발생한 것이다.

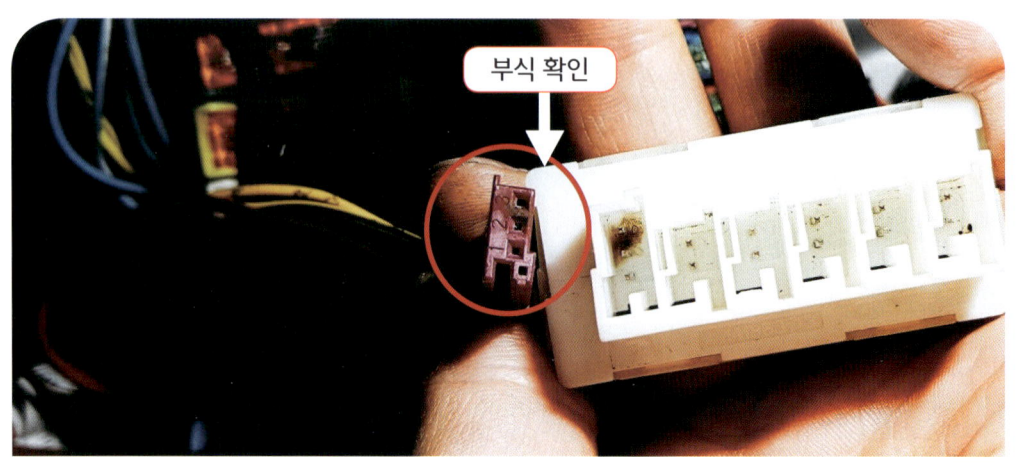

☑ 그림 31.9 X30/38(드라이브 트레인 센서 CAN 분배기) 내부 부식됨

31. 엔진 경고등 간헐적 점등

10 부식이 확인된 X30/38(드라이브 트레인 센서 CAN 분배기)의 1번 커넥터는 N3/9(엔진 컨트롤 유닛)와 연결되어 있었다. 부식이 확인된 X30/38 CAN 분배기는 교환을 하였다.

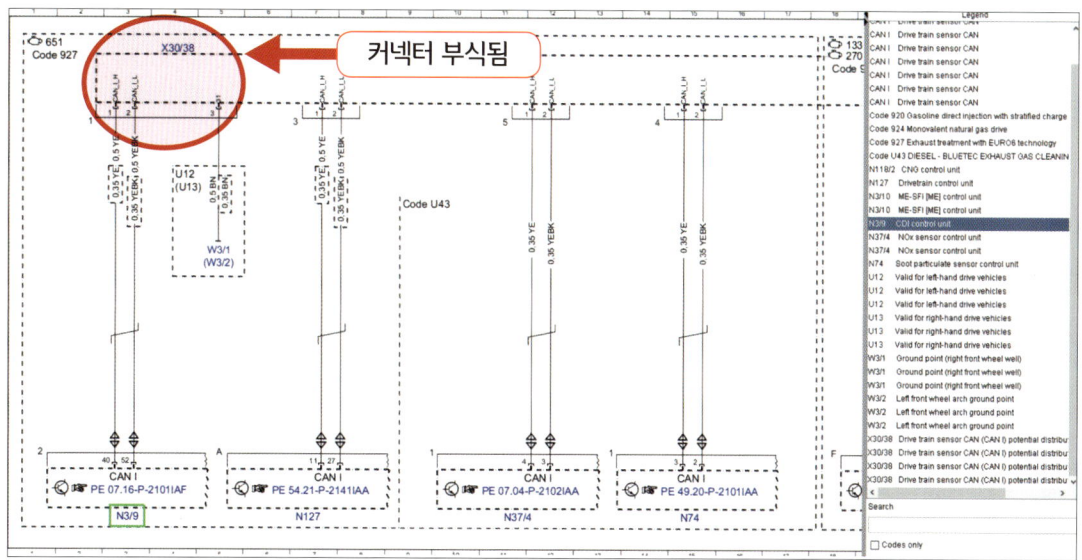

☑ 그림 31.10 X30/38(드라이브 트레인 센서 CAN 분배기) 연결 회로도

트러블의 원인과 수정사항

원인

1. 에어컨 응축수 드레인 호스 내부에 바퀴벌레가 끼어서 에어컨 작동 시 발생된 응축수가 외부로 배출되지 못하고, 실내로 유입되어 실내의 전기 장치 부품에 부식을 발생시켰다.

2. X30/38(드라이브 트레인 센서 CAN 분배기) 내부가 부식되어 엔진 경고등이 점등하였다.

수정사항

1. **플로어 매트**는 **청소**를 실시하고 **건조**를 시켰다.

2. **수분이 침투**한 전기 배선이나 커넥터를 전기 접점 스프레이로 **클리닝 작업**을 실시하였다.

3. X30/38(드라이브 트레인 센서 CAN 분배기)는 클리닝이 불가하여 **교환**하였다.

참고

1 해당 증상은 일반적인 증상은 아니다. 그러나 언제든지 발생할 수 있는 상황이라고 볼 수 있다.
2 곤충에 의한 특수한 상황이므로 일반적인 정비 상황에 의존하기 보다는 전체적인 차량의 시스템 점검이 필요하다.
3 엔진 경고등이 점등되었다고 엔진만 점검하면 원인을 찾기 어려운 증상이다.

Mercedes-Benz
463

32
엔진 시동이 걸리지 않는다

고객불만

엔진 시동이 걸리지 않아서 견인하였다.

차량정보

모델	G 500
차종	463
차량등록	2014년
주행거리	74,056km

그림 32.1　463 차량 전면

진 단

1. 스타터 회로를 점검하였다. 동반석 퓨즈와 릴레이 모듈의 F58KM(스타터 회로 50 릴레이)고 X26(실내와 엔진 전기 배선 커넥터)을 통하여 스타터 모터로 신호는 연결되어 있음을 확인하였다.

2. X26 점검 시 엔진 배선의 손상이나 오염 등의 특이 사항은 없었다.

■ 주요 약어

• X26
실내와 엔진 전기 배선 커넥터

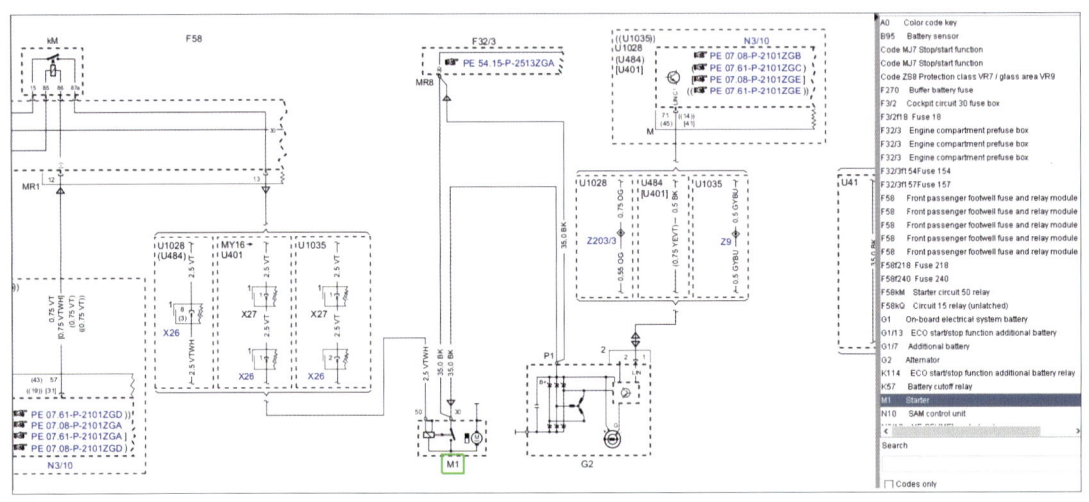

✅ 그림 32.2 엔진 시동 회로

3

X26 (실내와 엔진 전기 배선 연결 커넥터)

점검 시 신호는 정상이었다.

✅ 그림 32.3
X26(실내와 엔진 전기 배선 연결 커넥터)

32. 엔진 시동 걸리지 않음

4 스타터 모터의 50회로와 상시 30회로 작동 시 12V가 확인되어 이상은 없었다.

5 스타터 모터 내부 작동 불량으로 판단되어 교환하였다.

☑ 그림 32.4 스타터 모터 설치 위치

트러블의 원인과 수정사항

원 인

1. 스타터 모터 내부의 작동이 불량하다. - 스타터 모터가 회전하지 않는다.

수정사항

스타터 모터를 교환하였다.

1. **배터리 (−) 단자**를 **탈착**한다.

2. 스타터 모터의 **ST 단자**와 **B단자 분리**한다.

3. 스타트 모터 장착 볼트 2개 풀고 엔진에서 **스타트 모터를 탈착**한다.

참 고

해당 차량의 WIS 전기 배선 회로도가 실제 차량과 동일하지 않으므로 항상 실제 차량과의 확인이 필요하다. 그리고 스타터 모터 교환 시 반드시 배터리 (−) 케이블을 먼저 탈착한 후 작업을 해야 한다.

[Mercedes-Benz 218]

33 둔덕 넘을 때 앞에서 비비는 **소음이 발생**한다

고객불만

둔덕을 넘을 때 앞에서 비비는 소음이 발생한다.

차량정보

모델	CLS 63 AMG
차종	218
차량등록	2015년
주행거리	31,286km

☑ 그림 33.1 218 차량 전면

진단

1. 차량을 시운전하여 소음을 확인하였다. 해당 소음은 동반석에서 발생하였다.
2. 차량을 리프트에 상승시키고 하체를 점검하였다. 스태빌라이저와 프런트 서스펜션 스트럿 그리고 로어 스트럿 등을 점검 하였다. 육안 점검 시 외부 손상이나 누유는 없음을 확인하였다.

☑ 그림 33.2 동반석 프런트 하체 상태 점검

☑ 그림 33.3 동반석 프런트 서스펜션 스트럿 탈착

3. 그림 33.4에서 보여 주듯이 동반석 프런트 서스펜션 스트럿 러버 부트에서 소음이 발생하여 클리닝을 실시하고 스페셜 그리스를 도포하였다.

그리스 도포

☑ 그림 33.4
동반석 프런트 서스펜션 스트럿 탈착 후
그리싱 작업 실시

트러블의 원인과 수정사항

원인

1. 동반석 프런트 서스펜션 스트럿에 장착된 탑 마운트와 러버 부트에 윤활이 부족하였다.

수정사항

1. 동반석 프런트 서스펜션 스트럿의 **탑 마운트**와 **러버 부트**에 **스페셜 그리스**를 **도포**하였다.

참 고

1. 차량 하체 부품의 경우 메탈의 재질이 주류를 이루고 있으나, 완충을 위하여 부가적으로 고무 재질의 부품도 장착되어 있다.
2. 일반적으로 고무 재질의 부품이 작동 중에 마찰되면서 주로 비비는 소음을 발생한다. 이러한 경우에는 부품의 교환만으로 근본적인 원인을 해결하지는 못하므로 반드시 소음의 발생 형태를 명확하게 확인하고 작업을 실시해야 증상이 재발되지 않는다.
3. 소음을 찾는 것은 다년간의 경험에서 축적되어진 감각이나 신체의 오감을 사용하기도 하고, 사운드 스코프를 사용하는 등의 여러 방법이 있다.

Mercedes-Benz
176

34
엔진 시동 시에 끽끽 소음이 발생한다

고객불만

엔진 시동시 끽끽 소음이 발생한다.

차량정보

모델	A 250
차종	176
차량등록	2016년
주행거리	29,754km

✅ 그림 34.1 176 차량 전면

34. 시동 시에 끽끽 소음 발생

진 단

1. 차량의 냉간 시동 시에 엔진 룸에서 끽끽 소음이 발생하였다. 구동 벨트 부근으로 판단되었다.

2. 테스트를 위하여 벨트 부근에 소량의 스프레이(Wurth **실리콘 스프레이**)를 도포하니 소음은 사라졌다.

☑ 그림 34.2
구동 벨트와 풀리

3. 구동 벨트 점검 시 약간의 오염은 확인 되었으나, 크랙이나 손상은 확인되지 않았다. 크랭크축 풀리와 발전기 풀리, 아이들 풀리 그리고 텐셔너 점검 시 특이사항은 없었다.

☑ 그림 34.3
특수 공구 사용 벨트 탈거

4 각 풀리마다 오염을 청소하고 새로운 구동 벨트를 장착하였다.

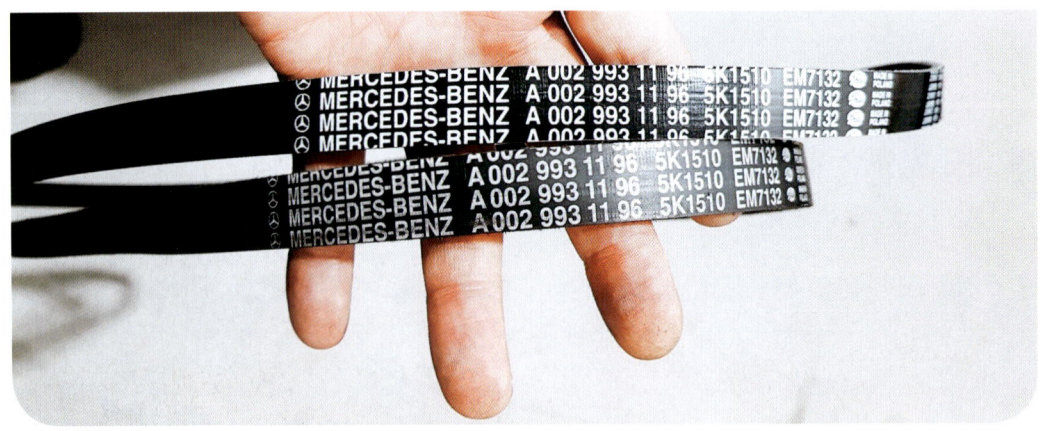

☑ 그림 34.4 구동 벨트 구품과 신품

트러블의 원인과 수정사항

원 인

1. 구동 벨트의 오염과 마모로 판단된다.

수정사항

1. 오염된 풀리를 **클리닝**(Wurth 파트 클리너)을 **실시**하고, **새로운 구동 벨트**를 **장착**하였다.

참 고

1 특수한 상황의 소음인 경우 예를 들어 냉간 시나 온간 시 그리고 초기 시동 시와 같이 특정한 경우의 소음은 고객과 함께 해당 소음을 반드시 확인해야 한다.
2 주위 환경이나 여러 가지 주변 환경 변화에 따라서 소음의 변화가 가능하기 때문이다.
3 고객이 차량에 대하여 사용 중에 불편을 느끼는 부분을 정비사는 반드시 인지해야 한다.

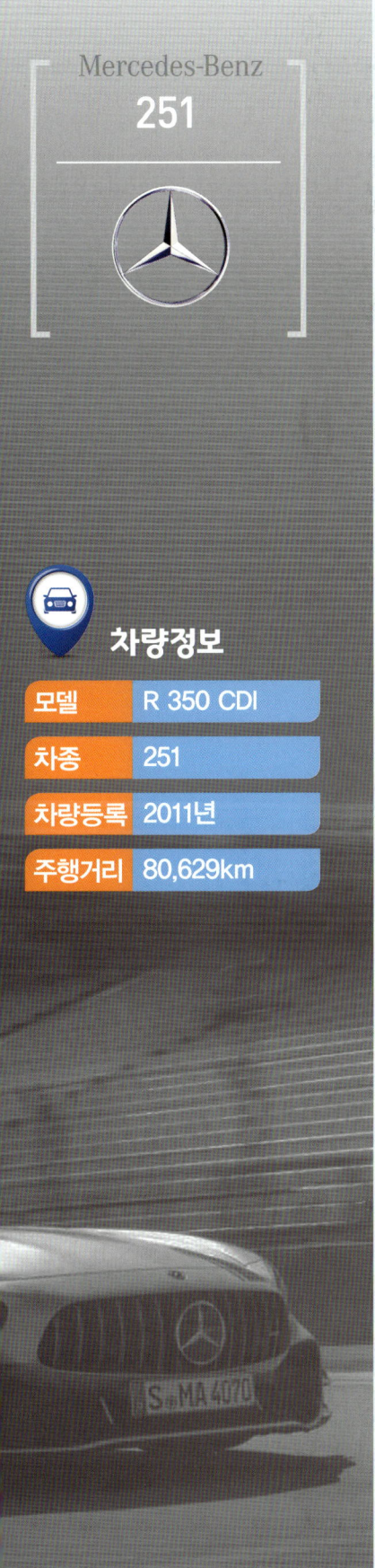

Mercedes-Benz
251

차량정보

모델	R 350 CDI
차종	251
차량등록	2011년
주행거리	80,629km

35
에어매틱 경고등이 점등한다

고객불만

에어매틱 경고등이 점등되며,
리어 차체의 좌, 우 높이가 다르다.

☑ 그림 35.1 251 차량 전면

진단

1. 기존 작업자가 에어매틱 컴프레서와 릴레이를 교환하였다. 이후에 차량의 높이가 조절되다가 멈추고 동일 증상이 발생하였다.

2. 우선 차량의 에어매틱 서스펜션의 전기 배선 회로도를 확인 하였다. **F58**(엔진 룸 퓨즈와 릴레이 박스)과 **F108**(40A) 퓨즈를 경유하여 **A9/1**(에어매틱 컴프레서 모터)로 연결되어 있음을 확인하였다.

■ 주요 약어
- N51
  에어매틱 컨트롤 유닛
- F58
  엔진 룸의 퓨즈와 릴레이 박스
- A9/1
  에어매틱 컴프레서 모터

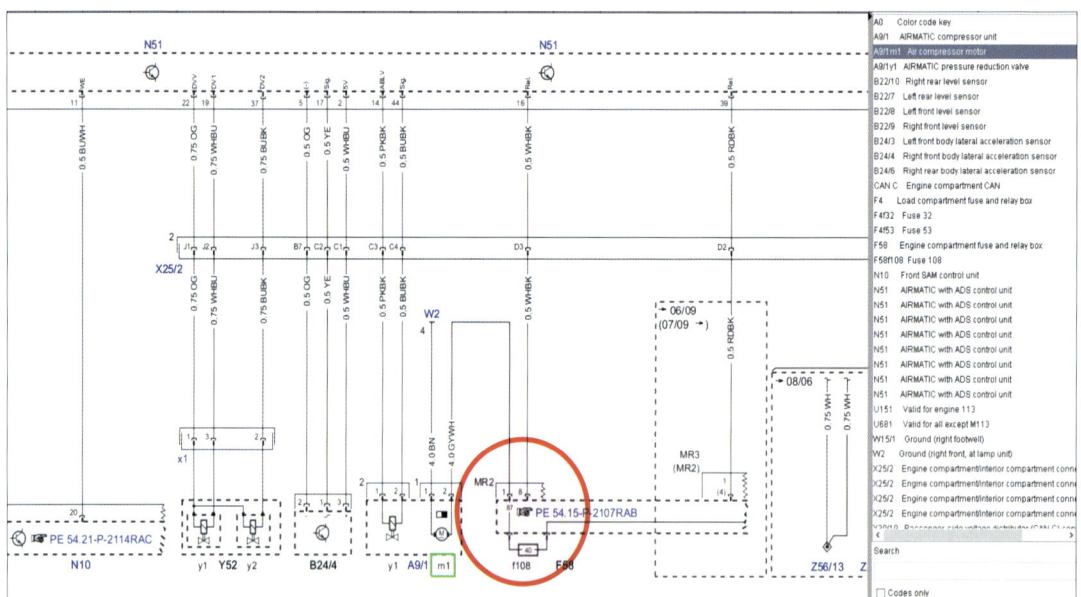

✓ 그림 35.2 N51(에어매틱 컨트롤 유닛) 전기 배선 회로도

3. 그림 35.3에 위치한 **F58**(엔진 룸의 퓨즈와 릴레이 박스)을 점검 하였다.

35. 에어매틱 경고등 점등

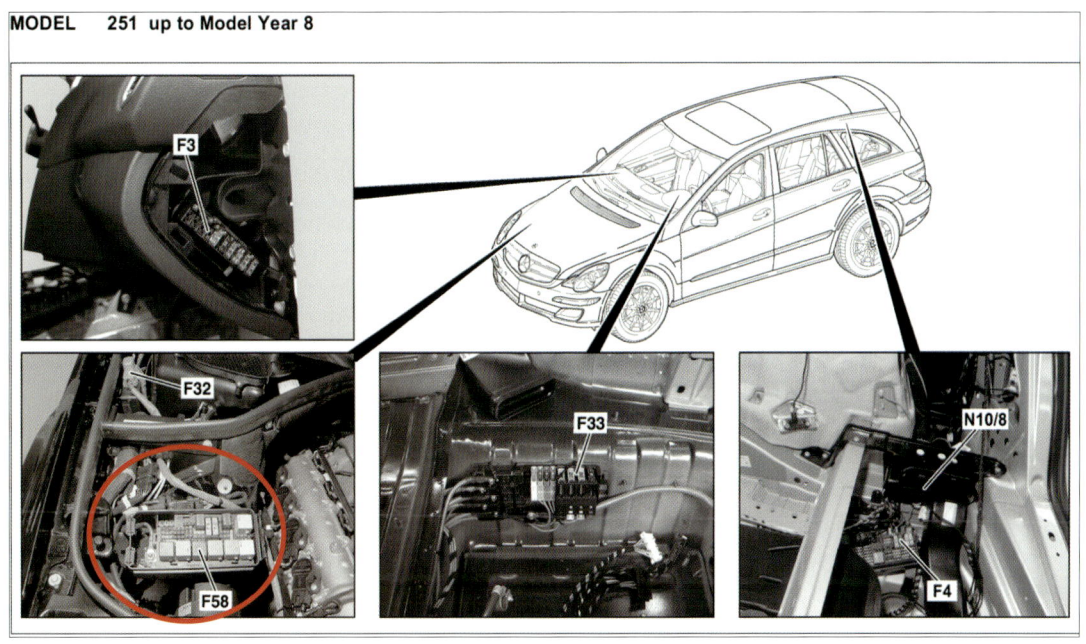

☑ 그림 35.3 F58(엔진 룸의 퓨즈와 릴레이 박스) 위치

4 **F58**(엔진 룸의 퓨즈와 릴레이 박스)의 **f108** 에어매틱 컴프레서 유닛 퓨즈를 점검하였다.

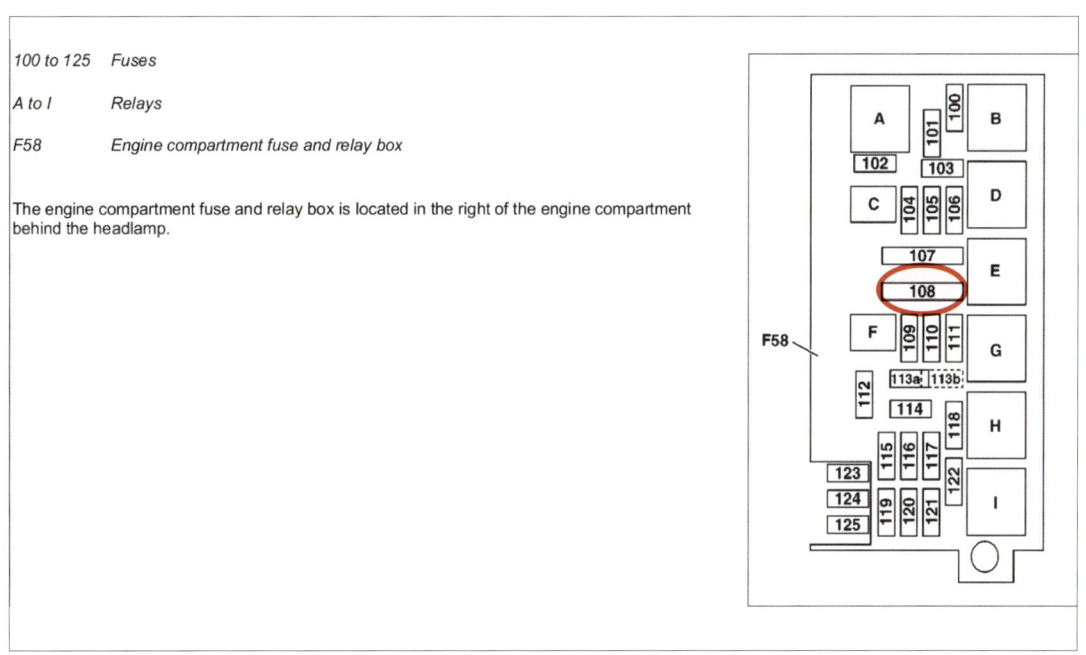

☑ 그림 35.4 F58의 퓨즈와 릴레이 위치

f106	-	-	-	-
f107	87	4.0 GNWH	**Valid for engine 113:** • Electric air pump (M33)	40
		4.0 WHBU	**Valid for engine 272:** • Electric air pump	
f108	87	4.0 GYWH	**Valid for code 489 Airmatic (air suspension with level adjustment and Adaptive damping system ADS):** • AIRmatic compressor unit (A9/1)	40
f109	30	2.5 RD	• ESP control unit (N47-5)	25
f110	30	0.75 RD	**Valid except code 494 USA version:** • Alarm signal horn with additional battery (H3/1)	10
f111	30	2.5 RDBK	• Intelligent servo module for DIRECT SELECT (A80)	30
f112	15	1.5 BKBU	• Left front lamp unit (E1) • Right front lamp unit (E2)	7.5
f113	15	1.5 BUWH	• Left fanfare horn (H2) • Right fanfare horn (H2/1)	15
	30	1.5 BUWH	**Option, customer request:** • Left fanfare horn • Right fanfare horn	15

✅ 그림 35.5 F58의 f108(A9/1, 에어매틱 컴프레서 유닛) 퓨즈 40A 확인

5 에어매틱 서스펜션 컴프레서 릴레이도 점검하였다. 특이 사항은 없었다.

Relays	Designation
A	Wiper stage 1 and 2 relay
B	Wiper ON / OFF
C	**Up to production period 31.05.2006:** - **As of production period 01.06.2006,** **Valid for engine 642:** additional circulation pump for transmission oil cooling **Valid for engine 156:** engine coolant circulation pump (M45)
D	Terminal 87 engine
E	Secondary air injection pump
F	Fanfare horn
G	Air suspension compressor
H	Circuit 15
I	Starter

✅ 그림 35.6 F58의 릴레이 명칭 확인

6 F58의 f108을 탈거하고 육안 점검을 실시하였다. 그림 35.7에서와 같이 퓨즈의 한쪽이 열화로 인하여 검게 변형이 되어 있었다.

35. 에어매틱 경고등 점등

☑ 그림 35.7 F58·f108 손상 확인

7 주황색 40A 퓨즈의 한쪽 부분은 **F58**의 **f108** 핀 내부에 열화되어 고착되었다.

☑ 그림 35.8 F58의 f108 단자 내부 손상 확인

8 차량을 리프트에 올려서 리어 에어 스프링의 육안 점검을 실시하였다. 좌측 에어 스프링은 정위치를 벗어나 있었다. 에어매틱 컴프레서 미작동으로 인하여 에어 스프링이 변형되었다.

☑ 그림 35.9 좌측 리어 에어스프링

9 우측 에어 스프링도 하단 부분이 정위치를 벗어나 있었다. 에어매틱 작동 시 에어 누설을 확인할 수 있었다. 이로 인하여 결국 차량의 리어 차체의 좌, 우 높이가 맞지 않은 것이었다.

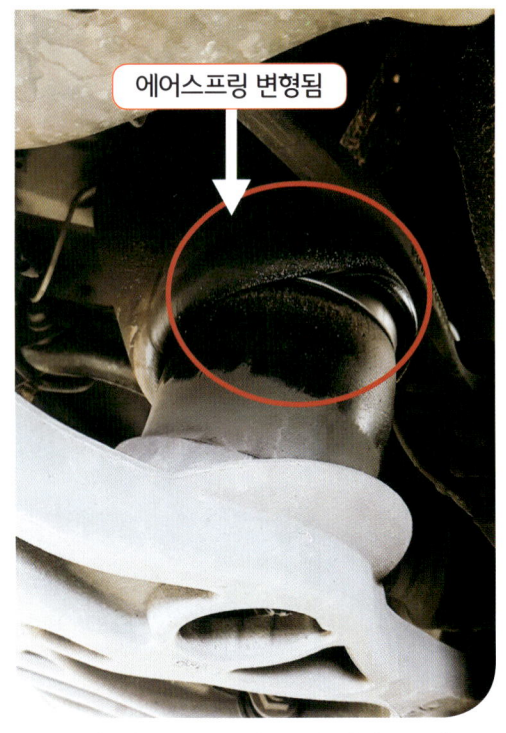

☑ 그림 35.10 우측 리어 에어스프링

트러블의 원인과 수정사항

원인

1. 에어매틱 서스펜션 퓨즈 F58-f108(40A)이 열화되어 검게 손상이 되었다.

수정사항

1. **F58**(엔진 룸의 퓨즈와 릴레이 박스), **f108(40A) 퓨즈**와 **리어 에어 스프링**을 **교환**하였다.

참 고

1. 기존 작업자가 에어매틱 컴프레서와 릴레이를 교환하였다. 이는 일반적인 에어매틱 경고등의 점등에 관련하여 작업하는 절차이다.
2. 전용 진단기로 점검 시 주로 '에어매틱 컴프레서의 압력 회복 기간이 길어진다'라는 것이 주된 이유이다. 하지만 이미 교환 작업은 실시하였고 동일 증상이 발생된 것이다.
3. 추가적인 진단이 필요하여 필자에게 도움을 요청한 것이다. 육안으로 점검 시 **f108**(**에어매틱 컴프레서 퓨즈**)은 외부 단선이 확인되지는 않았다. 퓨즈를 탈거 하여 점검을 실시해보니 F58 내부 단자 접촉면의 열화 손상으로 인하여 **f108** 퓨즈의 접촉면이 검게 열화 소손되어 변형이 되어 있었다.
4. 이러한 경우는 흔하지는 않으나 에어매틱 시스템에 관련된 부품의 점검 시 리어 에어 스프링 누설 점검 등의 꼼꼼하고 포괄적인 점검이 요구된다.

Mercedes-Benz
222

차량정보

모델	S 350
차종	222
차량등록	2016년
주행거리	24,750km

36
동반석 시트의 메모리 기능이 작동하지 않는다

고객불만

동반석 시트의 메모리 기능이 작동하지 않는다.

☑ 그림 36.1 222 차량 전면

진 단

1. Xentry 전용 진단기로 전자 시스템 점검을 실시하였다.
2. 동반석 시트에 고장 코드를 확인하였다. 헤드 레스트 조절 모터가 기능 이상으로 확인되었다.
3. 동반석 시트의 등받이 커버를 탈거하고 점검을 하였다.

☑ 그림 36.2
동반석 시트 헤드 레스트 모터 위치

4. 단품 모터의 작동 불량으로 판단되어 해당 모터를 주문하려고 하였으나, 해당 모터는 단품으로 공급이 되지 않고 시트 헤드 레스트 모터 어셈블리로 공급이 되는 것을 확인하였다.

☑ 그림 36.3
동반석 시트 헤드 레스트 모터 어셈블리

 단순 시트 탈부착 시 필수 교체 부품은 없으며, 가죽이 부드러우므로 조심하면 된다.

✓ 그림 36.4 동반석 시트 헤드 레스트 조절 모터 어셈블리 탈착 후

트러블의 원인과 수정사항

원인

1. 동반석 시트 헤드 레스트 조절 모터의 작동 불량으로 인하여 동반석 시트 메모리 기능이 작동하지 않는다.

수정사항

1. 동반석 **시트 헤드 레스트 조절 모터 어셈블리**를 **교환**하였다.

참 고

1 단품 공급이 불가하므로 EPC 점검으로 부품을 확인해야 한다.
2 동반석 시트 헤드 레스트 조절 모터 어셈블리 부품을 교환한 후 동반석 시트 작동 모터의 표준화 작업을 실시해야 한다. 이를 실시함으로 인하여 시트 작동 모터의 위치를 파악하여 저장할 수 있다.
3 그리고 안전장치 중 하나인 프리 세이프 관련하여 안전한 위치로 시트가 작동하는데 이상이 없도록 하여야 한다.

⚠ **Pre-safe**

운전자가 주행 중 스티어링 휠을 급하게 회전하거나, 브레이크 페달을 급하게 밟는 경우에 차량은 충돌 사고의 상황으로 인지하고 탑승자를 최대한 충돌 사고로부터 부상을 줄이기 위하여 스스로 예방 준비를 한다. 예를 들어 선루프나, 창문을 닫아주고, 시트의 위치도 충돌 사고가 발생한 경우에 외상을 적게 받는 정위치로 움직여주는 기능을 한다.

Mercedes-Benz
204

37
엔진 경고등이 점등하였다

고객불만

엔진 경고등이 점등하였다.

차량정보

모델	C 250
차종	204
차량등록	2010년
주행거리	104,909km

☑ 그림 37.1 204 차량 전면

진단

1. Xentry 전용 진단기로 전자 시스템을 점검 하였다.
2. N3/10(엔진 컨트롤 유닛) 내부 고장 코드 P001177 : '흡기 캠축이 규정치를 벗어나 있다 - 현재 그리고 저장됨' 을 확인 하였다.

■ 주요 약어
· N3/10
  엔진 컨트롤 유닛

☑ 그림 37.2 N3/10(엔진 컨트롤 유닛)의 내부 고장 코드

3. 고장 코드에 의거하여 가이드 테스트를 실시하였다.
4. 타이밍 체인과 엔진 오일 레벨의 점검을 제시하였다. 타이밍 체인의 기본 위치를 확인하였으나 이상은 없었다.

⚠ **Xentry 전용 진단기의 가이드 테스트란?** ①~②

① Xentry 전용 진단기로 차량을 점검시 고장 코드를 확인하면 고장 코드에 대한 상태 데이터를 확인할 수 있다.
② 고장 코드와 상태 데이터를 확인하여 다음 단계로 넘어가면 진단기에서 해당 고장 코드와 관련된 가능한 원인을 제시하고 관련된 추가 점검 사항을 제시해 준다.

 **⚠ Xentry 전용 진단기의 가이드 테스트란?** ③~⑤

③ 즉, 진단기에서 제시한 진단 절차를 순차적으로 단계를 밟아서 작업 진행하는 것을 가이드 테스트라고 한다.

④ 일반적으로 단계가 다양하므로 기계적, 전기적, 화학적 등 다양한 내용을 확인할 수 있다.

⑤ 가능하다면 가이드 테스트의 내용을 프린터로 출력하여 내용을 꼼꼼히 확인하고 점검하는것이 추후에 정확한 진단결과를 가져온다.

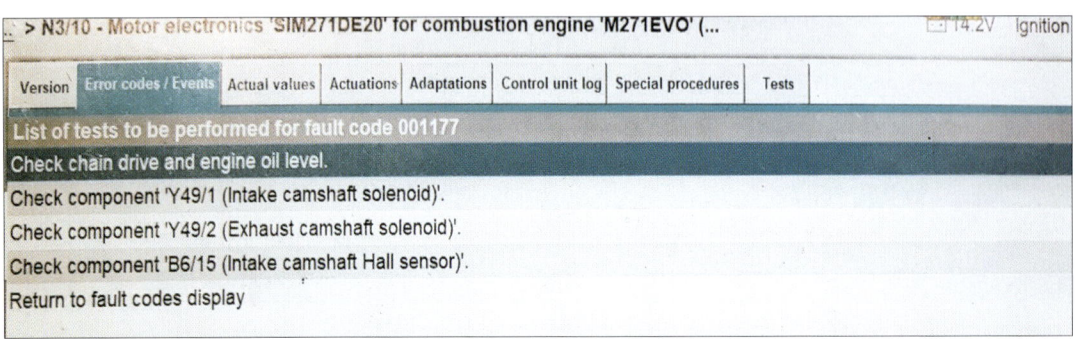

☑ 그림 37.3 고장 코드 P001177의 가이드 테스트

5 이후의 가이드 테스트 내용은 엔진 오일 필터와 필터 캡의 손상 유무 점검을 제시하였다.

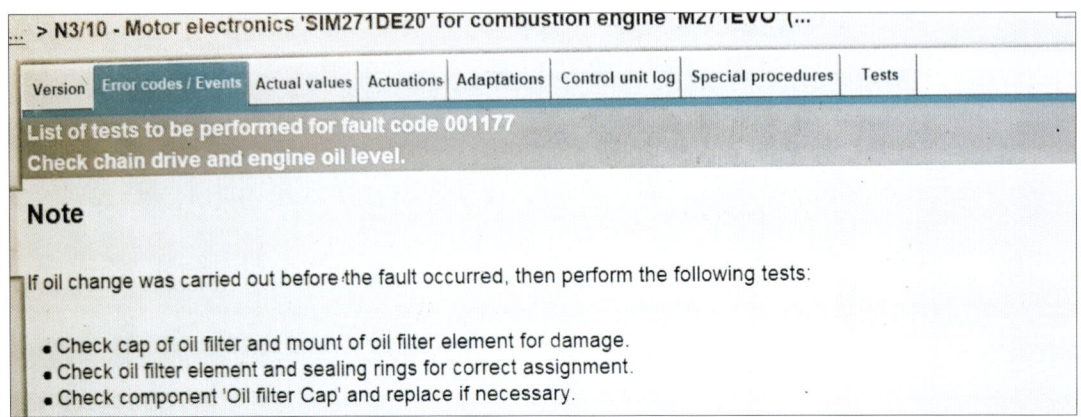

☑ 그림 37.4 엔진 오일 필터 캡 확인 사항

6 엔진 오일 필터 캡의 가이드가 파손되어 있음을 확인하였다.

37. 엔진 경고등이 점등

☑ 그림 37.5 엔진 오일 필터 캡 신품과 구품 비교

트러블의 원인과 수정사항

원인

1. 엔진 오일 필터 캡의 가이드가 손상되었다.

수정사항

1. **엔진 오일 필터 캡**을 **신품**으로 **교환**하였다.

참 고

1. 상기 차량은 엔진 오일 필터 캡의 가이드가 파손되었다. 이로 인하여 가이드 하단의 고무 오일 링은 오일 필터 하우징 내부로 연결된 오일 회로에 정확하게 장착되지 못하고 기밀을 유지하지 못하였다.
2. 결국 실린더 블록의 내부에 형성된 엔진 오일 회로의 유압이 낮아져서 실린더 헤드까지 충분한 압력의 엔진 오일을 공급하지 못하고 누유 되었다.
3. 상기 증상은 캠축 조절 기어까지 충분한 오일 압력이 미치지 못하여 위의 증상이 발생된 것으로 판단된다.

Mercedes-Benz
205

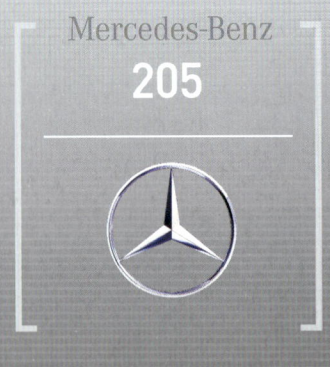

38
엔진 경고등이 점등하였다

고객불만

엔진 경고등이 점등하였다.

차량정보

모델	C 63 S
차종	205
차량등록	2017년
주행거리	11,715km

☑ 그림 38.1 205 차량 전면

38. 엔진 경고등이 점등

진 단

1 과거 정비 이력을 확인해보니 이전 작업자가 1번 실린더의 점화 플러그를 교환하고 점화 코일의 교체가 되었음을 확인하였다.

2 Xentry 전용 진단기로 전자 시스템을 점검하였다. N3/10(엔진 컨트롤 유닛) 내부에 고장 코드 P030185 : '실린더 1번에서 실화를 감지하였다 – 현재형' 으로 확인하였다.

■ 주요 약어

- N3/10
  엔진 컨트롤 유닛
- Y76/1
  연료 인젝터 1번

P030185	Combustion misfiring of cylinder 1 has been detected. There is a signal above the permissible limit value.		
	Name	**First occurrence**	**Last occurrence**
	Development data ((DATA_RECORD_3))	********* Data Record 3 *********	---
	Development data ((DATA_RECORD_4))	---	********* Data Record 4 *********
	Vehicle speed (PID0Dh)	0.00	0.00
	Development data ((PID1FH_COENG_TINORMALOBD))	59.00	47.00
	Fill level of fuel tank (PID2Fh)	218.14	126.50
	Ambient pressure (PID33h)	98.00	101.00
	Mode (bdemod)	65.00	65.00
	Development data ((combust1_u))	33.00	177.00
	Development data ((enhdtcinfo))	0.00	0.00
	Lambda control upstream of left catalytic converter (frm2_u)	0.00-	0.00-
	Lambda control upstream of right catalytic converter (frm_u)	0.00-	0.00-
	Selector lever position (GWHPOS)	13.00	13.00
	Self-adjustment in partial-load range, left cylinder bank (high_byte_of_fra2_w)	0.45	0.45
	Self-adjustment in partial-load range, right cylinder bank (high_byte_of_fra_w)	0.46	0.45
	Development data ((high_byte_of_fratlp2_w))	124.00	126.00
	Development data ((high_byte_of_fratlp_w))	123.00	128.00
	Number of combustion misfires (high_byte_of_fzabgs_w)	0.00	0.00
	Development data ((HIGH_BYTE_OF_OFMSNDKB1_W))	0.00	0.00
	Development data ((HIGH_BYTE_OF_OFMSNDKB2_W))	0.00	0.00
	Development data ((high_byte_of_rlmaxmd_w))	0.06	0.07
	Development data ((high_byte_of_rlmds_w))	0.01	0.01
	Driving distance since activation of engine diagnosis indicator lamp (kmmilon_w)	0.00km	0.00km
	CAN message 'Odometer' (KMODOENV_W)	11568.00km	11696.00km
	Lambda value of left cylinder bank (lamsoni2_u)	0.02-	0.02-
	Lambda value of right cylinder bank (lamsoni_u)	0.02-	0.02-
	Indicated engine torque (miist_w)	0.02%	0.02%
	Torque request (mss_info)	0.00	0.00
	Engine speed (nmot)	640.00 1/min	1120.00 1/min
	Self-adjustment in idle speed range, right cylinder bank (ora)	0.00%	-0.05%
	Self-adjustment in idle speed range, left cylinder bank (ora2)	0.00%	0.05%
	Low fuel pressure (absolute value) (PISTND_U)	0.10bar	0.11bar
	Rail pressure (raw value) (PRROH)	0.77bar	0.78bar
	Rail pressure (raw value) (PRROH2)	0.78bar	0.77bar
	Development data ((PSR1_W))	300.94hPa	282.50hPa
	Development data ((PSR2_W))	301.95hPa	277.97hPa
	Pressure upstream of throttle valve actuator (PVD1_W)	979.45hPa	1011.95hPa
	Pressure upstream of throttle valve actuator (PVD2_W)	976.95hPa	1007.97hPa
	Specified pressure upstream of throttle valve actuator (pvds_w)	977.27hPa	1038.91hPa
	Development data ((RK2_U))	0.52%	0.52%

☑ 그림 38.2 N3/10(엔진 컨트롤 유닛) 내부 고장 코드

3 혼합기 셀프 어댑테이션의 실제값을 점검해 보니 규정 이내로 제어되고 있었다.

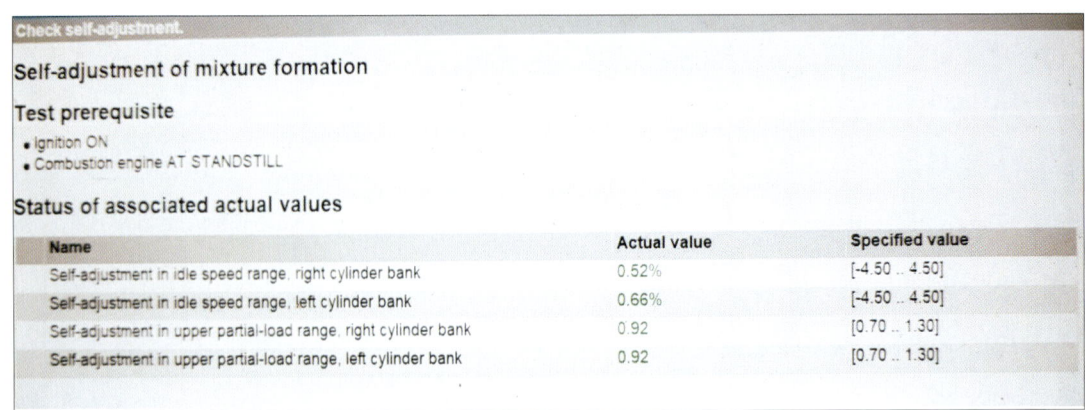

☑ 그림 38.3 혼합기 셀프 어댑테이션 점검

 Mercedes-Benz의 가솔린 직분사 엔진은 CGI (Charged Gasoline Injection)라고 명칭하고 있으며, 연료 분사방식은 연소실 직접 분사이므로 일반적으로 GDI (Gasoline Direct Injection)와 연료분사 방식은 동일하다.

4 1번 실린더의 점화 파형을 점검 하였으나 이상은 없었다.

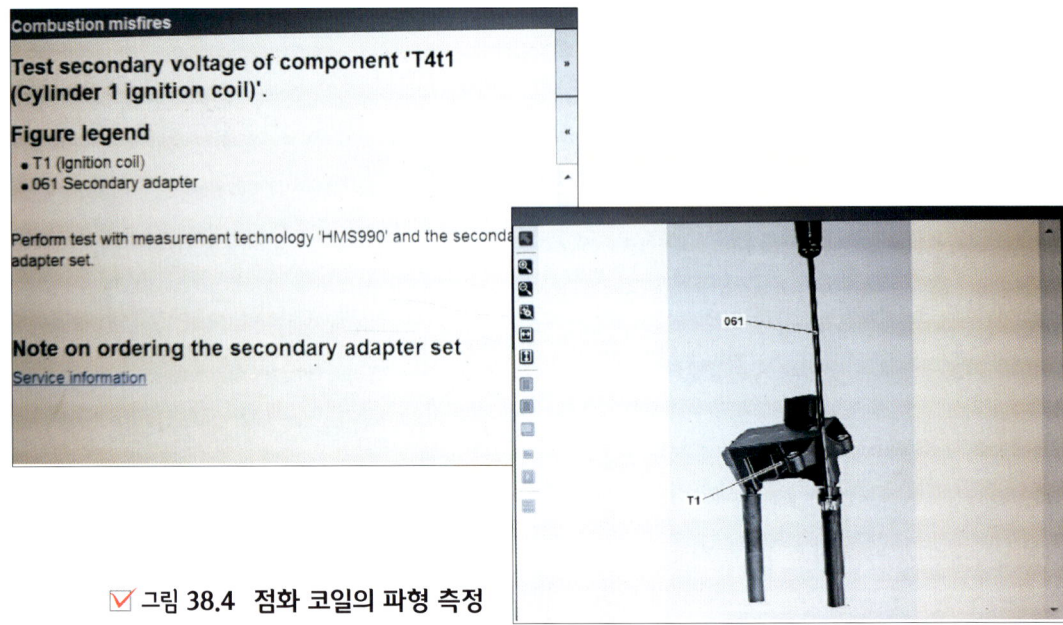

☑ 그림 38.4 점화 코일의 파형 측정

176

5 Y76/1(연료 인젝터 1번)의 작동 상태를 점검 하였다. 특이 사항은 없었다.

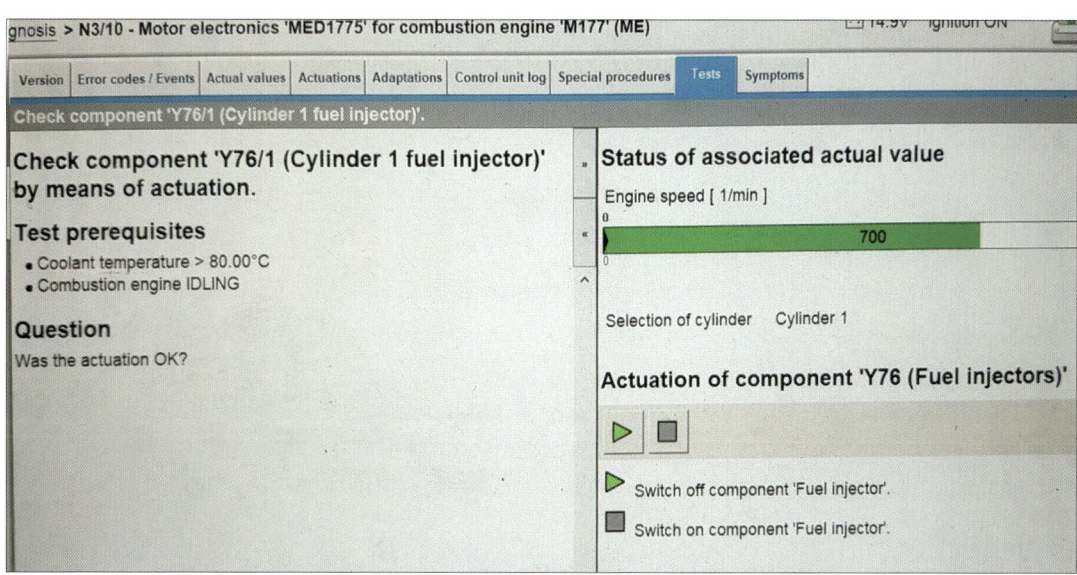

그림 38.5 Y76/1(연료 인젝터 1번) 작동 상태 점검

6 육안 점검을 위하여 점화 플러그를 탈거하고 점검 하였으나 특이 사항은 없었다. 실린더 내부를 엔도 스코프를 사용하여 내시경 점검 시 특이 사항은 없었다.

7 연료 인젝터를 탈거하고 점검을 하였다. 연료 인젝터의 외부 오염이 확인되었다.

8 Y76/1(연료 인젝터 1번)의 내부 작동이 불량하여 연료 분사량의 변화로 인하여 위의 증상이 발생됨으로 판단되었다.

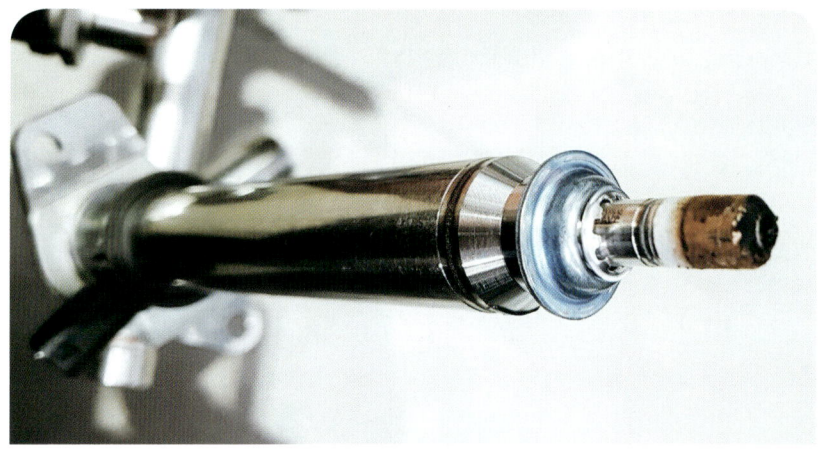

그림 38.6 Y76/1(연료 인젝터 1번) 오염 상태

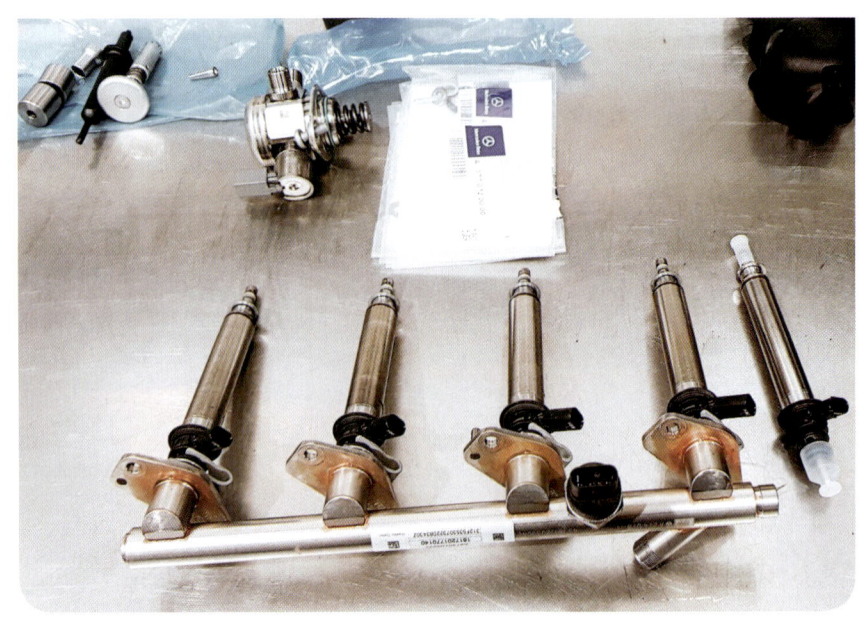

☑ 그림 38.7 Y76/1(연료 인젝터 1번) 교환

트러블의 원인과 수정사항

원인

1. Y76/1(연료 인젝터 1번)의 내부에 작동 오류가 발생하였다.

수정사항

1. **Y76/1**(연료 인젝터 1번)을 **신품으로 교환**하였다.

참고

가솔린 직접분사 차량의 경우 점화 플러그나 연료 인젝터를 조립하는 경우 반드시 규정 토크를 준수하고 토크 렌치를 사용하여 조립해야 한다. 그렇지 않으면 엔진 경고등이 점등될 수 있다.

Mercedes-Benz
164

39
엔진 경고등이 점등하였다

고객불만

엔진 경고등이 점등하였다.

차량정보

모델	GL 320 CDI
차종	164
차량등록	2011년
주행거리	88,319km

그림 39.1 164 차량 전면

진단

1. Xentry 전용 진단기로 전자 시스템을 점검 하였다.

2. **N3/9(엔진 컨트롤 유닛)** 내부에 현재형으로 저장된 다수의 고장 코드를 확인하였다.

> ■ 주요 약어
> - Z7/5
>   회로 87 커넥터 슬리브
> - F58
>   엔진 룸의 퓨즈와 릴레이 박스
> - M55
>   흡기 포트 셧오프 모터

Code	Text	Status
2514-002	Check component R39/1 (Vent line heater element). Short circuit to ground	STORED
2095-001	Check component B2/7b1 (Intake air temperature sensor). Value is above limit.	Current and stored
2094-001	Check component B2/6b1 (Intake air temperature sensor). Value is above limit.	Current and stored
2601-002	Mass air flow sensor Sensor Right The air mass is too small.	☼ Current and stored
2600-002	Mass air flow sensor Sensor Left The air mass is too small.	☼ Current and stored
2526-002	Test signal cable to component Y77/1 (Charge pressure positioner). Short circuit to ground	☼ Current and stored
2530-002	Check component M55 (Inlet port shutoff motor). Short circuit to ground	☼ Current and stored
2527-002	Check component Y27/9 (Left EGR positioner). Short circuit to ground	☼ Current and stored
3053-004	Check component B2/7b1 (Intake air temperature sensor). Signal fault	Current and stored
3052-004	Check component B2/6b1 (Intake air temperature sensor). Signal fault	Current and stored
2627-004	Mass air flow sensor The mass air flow sensor is faulty.	☼ Current and stored
2603-002	Check component B2/7 (Right hot film mass air flow sensor). The air mass is too small.	☼ Current and stored
2603-004	Check component B2/7 (Right hot film mass air flow sensor). Short circuit or open circuit	☼ Current and stored
2602-002	Check component B2/6 (Left hot film mass air flow sensor). The air mass is too small.	☼ Current and stored
2602-004	Check component B2/6 (Left hot film mass air flow sensor). Short circuit or open circuit	☼ Current and stored
2510-001	Check component Y77/1 (Boost pressure regulator). Positioner signals fault.	STORED
2513-001	Check component M55 (Inlet port shutoff motor). Positioner signals fault.	STORED

☑ 그림 39.2 N3/9(엔진 컨트롤 유닛) 내부 고장 코드

39. 엔진 경고등이 점등

3 현재형 고장 코드로 가이드 테스트를 실시하고 전기 배선 회로를 점검하였다.

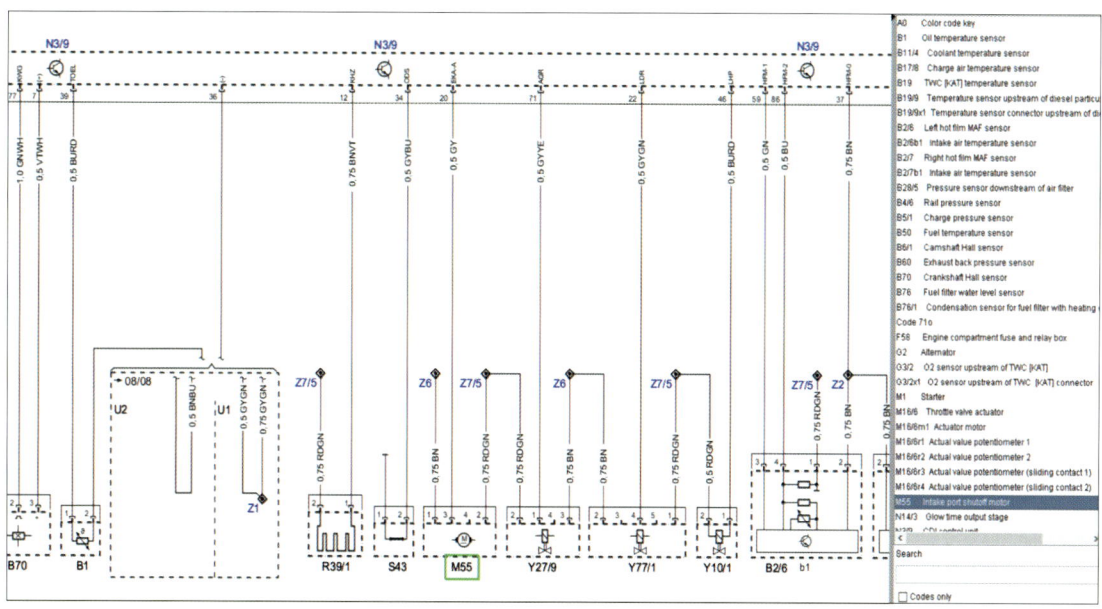

☑ 그림 39.3 N3/9(엔진 컨트롤 유닛) 전기 배선 회로

4 전기 배선 회로도를 점검해 보니 공통적으로 **Z7/5**(회로 87 커넥터 슬리브)가 연결되어 있음을 확인하였다.

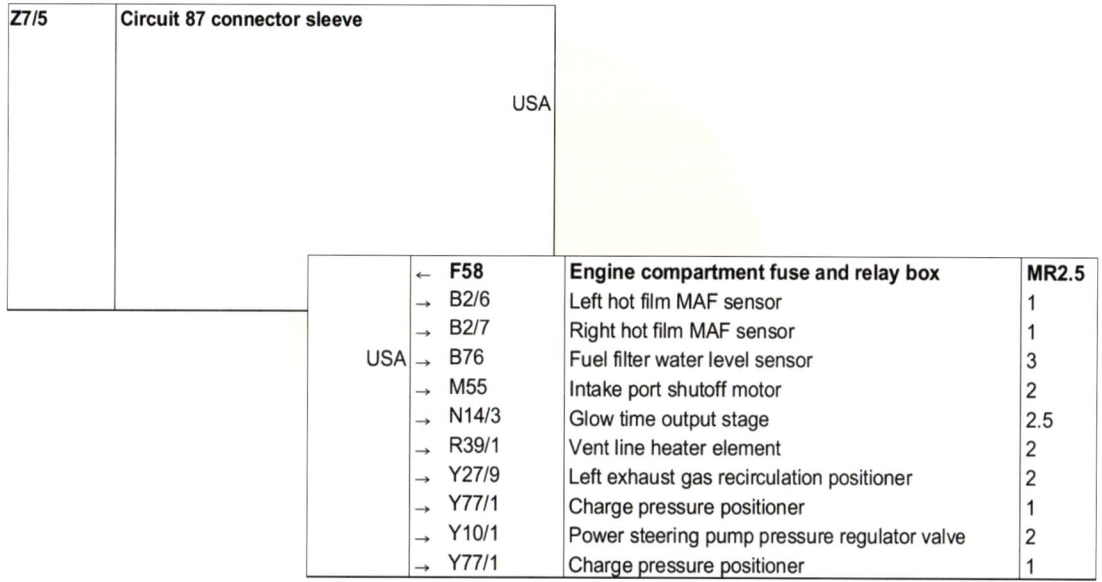

☑ 그림 39.4 Z7/5(회로 87 커넥터 슬리브)

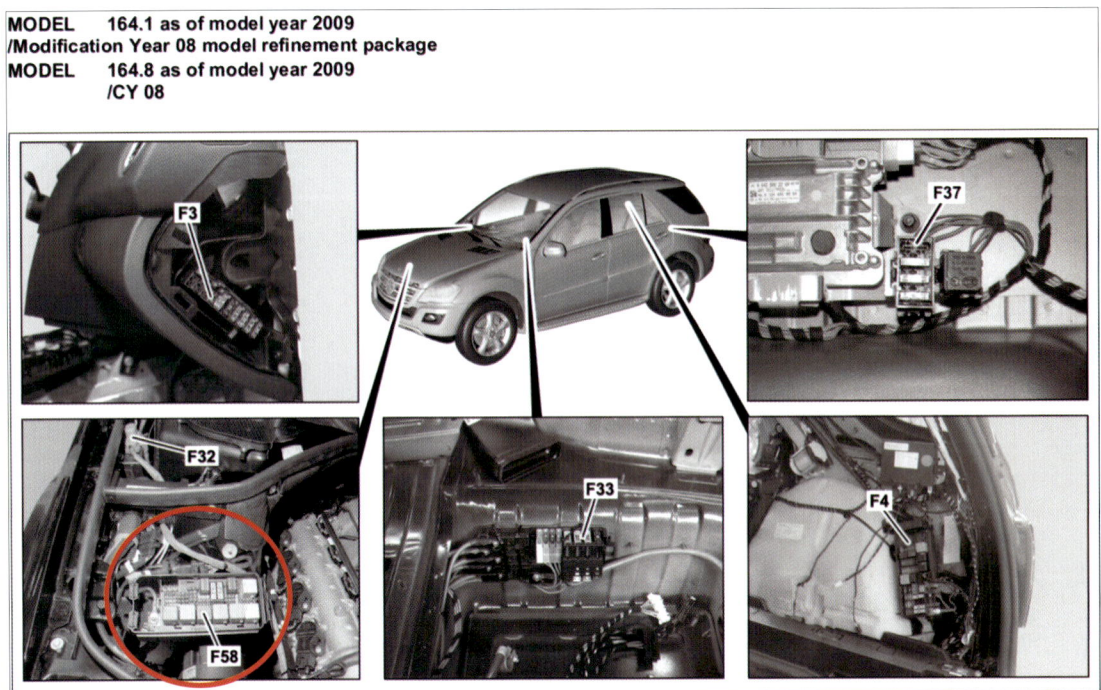

✅ 그림 39.5 F58(엔진 룸의 퓨즈와 릴레이 박스) 위치

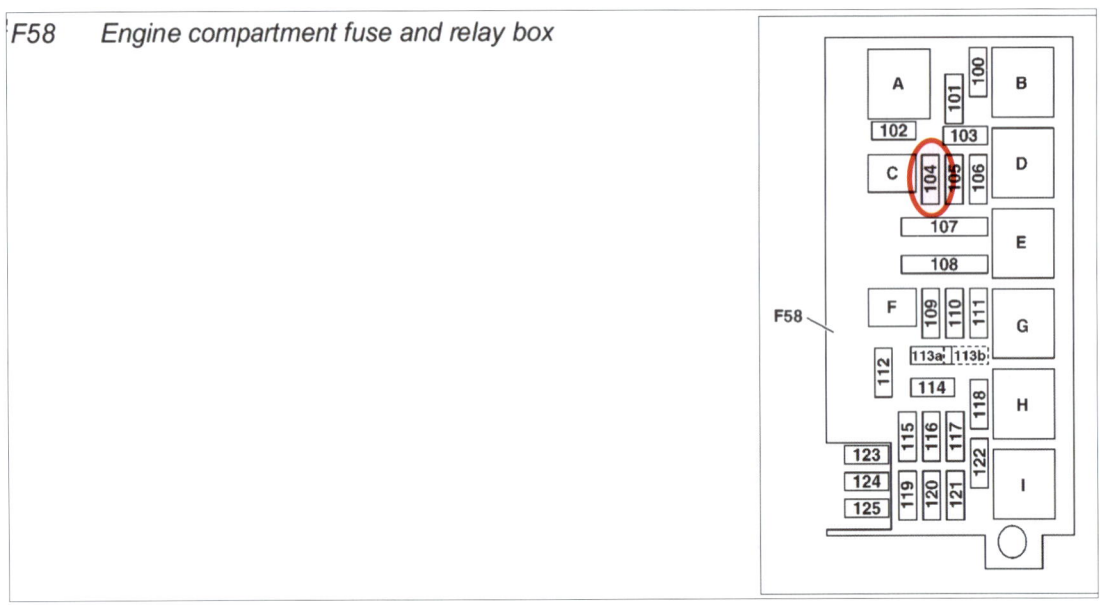

✅ 그림 39.6 F58(엔진 룸의 퓨즈와 릴레이 박스) 도표

4. F58의 f104 퓨즈가 Z7/5(회로 87 커넥터 슬리브)에 연결되어 있었다. 퓨즈 f104 번 15A를 육안 점검 시 단선을 확인하였다.

39. 엔진 경고등이 점등

f104	87	0.75 WHBU	Valid for engine 113: • ME control unit	15
		1.5 PKBK	Valid for engines 272, 273: • Terminal 87 M2e connector sleeve (Z7/36)	
		2.5 PKWH	Valid for engine 629: • Terminal 87 connector sleeve (Z7/5)	
		2.5 PKBK	Valid for engine 642: • Circuit 87 connector sleeve	

☑ 그림 39.7 F58의 f104번 퓨즈

6 M55(흡기 포트 셧오프 모터)를 점검하기 위하여 흡입 공기 가이드 파이프를 탈거하였다. 터보차저와 연결되는 가이드 파이프 하단이 파손된 것을 확인하였다.

☑ 그림 39.8 흡입 공기 가이드 파이프

7 흡입 공기 가이드 파이프 내부에 빨간색 고무 재질의 실링이 변형되었다. 이로 인하여 공기와 희석된 오일이 변형된 실링 틈으로 흘러내려서 M55(흡기 포트 셧오프 모터)의 커넥터를 거쳐서 오일이 침투하여 모터 내부를 오염시키고 내부 회로를 단락시켰다.

☑ 그림 39.9 M55 (흡기 포트 셧오프 모터) 오염

8. 추가적으로 엔진 오일 쿨러에서 엔진 오일의 누유가 확인되어 엔진 오일 쿨러도 교환하였다.

☑ 그림 39.10 엔진 오일 쿨러

트러블의 원인과 수정사항

원인

1. 흡입 공기 가이드 파이프의 파손으로 인하여 실링이 변형되었다.
2. 공기와 희석된 엔진 오일이 변형된 실링의 틈으로 흘러나와서 M55(흡기 포트 셧오프 모터)에 침투하여 내부 회로를 단락시키고 f104 퓨즈가 단선되었다.

수정사항

1. **F58의 f104 퓨즈, 흡입 공기 가이드 파이프, 실링, M55(흡기 포트 셧오프 모터), 엔진 오일 쿨러와 관련 소모품** 등을 **교환**하였다.

참고

1 일반적으로 에어클리너를 교환하고 흡입 공기 가이드 파이프를 재장착시 간혹 실링이 변형되면서 조립되어 위와 동일한 증상의 발생이 가능하다.
2 물론 차량의 출고일로 미루어 보면 고온의 엔진 온도로 인하여 고무와 플라스틱 재질 부품의 열화가 충분히 진행되었다고 볼 수 있다.
3 엔진 오일 쿨러에서 엔진 오일의 누유로 인하여 추가적인 작업이 발생할 가능성이 높다고 볼 수 있다.
4 결국 추가 작업의 범위를 결정하기 위하여 고객과의 소통이 필요하다.
5 OM642 엔진에서 동일 증상의 확인이 가능하다.

40
SRS 경고등이 점등하였다

Mercedes-Benz
257

차량정보

모델	CLS 450
차종	257
차량등록	2018년
주행거리	9,927km

고객불만

SRS 경고등이 점등하였다.

✓ 그림 40.1 257 차량 전면

40. SRS 경고등이 점등

진 단

1. Xentry 전용 진단기로 전자 시스템을 점검 하였다.

2. 동반석 시트의 무게 감지 센서에 오류가 발생됨을 확인하였다. 동반석 시트 쿠션 패드와 무게 감지 센서의 교환이 확인되었다.

> ■ 주요 약어
> • N110
>   무게 감지 시스템,
>   WSS
>   (Weight Sensing System)

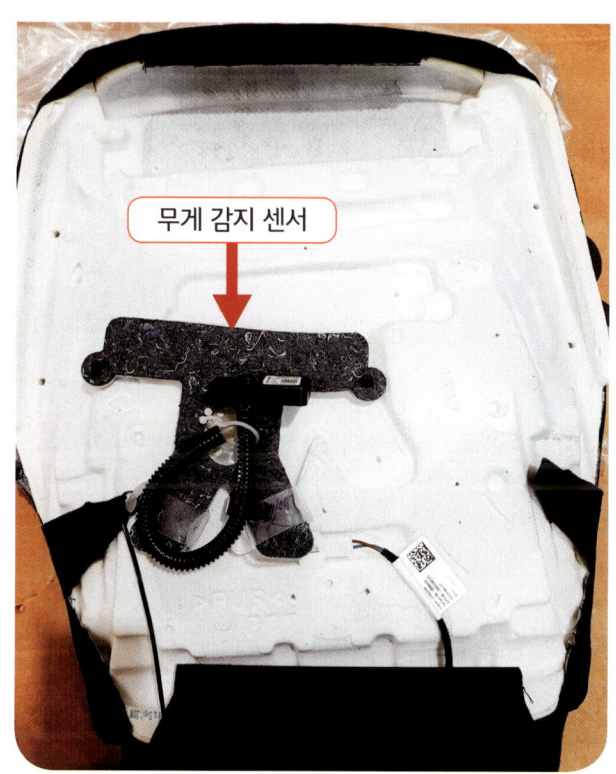

☑ 그림 40.2 동반석 시트 쿠션 패드와 무게 감지 센서

3. 동반석 시트 무게 감지 센서를 교환한 이후에는 무게 감지 센서의 설정 작업을 실시해야 한다. Xentry 전용 진단기를 사용하여 **N110(무게 감지 시스템, WSS)**을 선택하고, 설정 항목을 선택한 후 순서대로 작업을 실시한다. 이 경우 반드시 특수 공구가 필요하다.

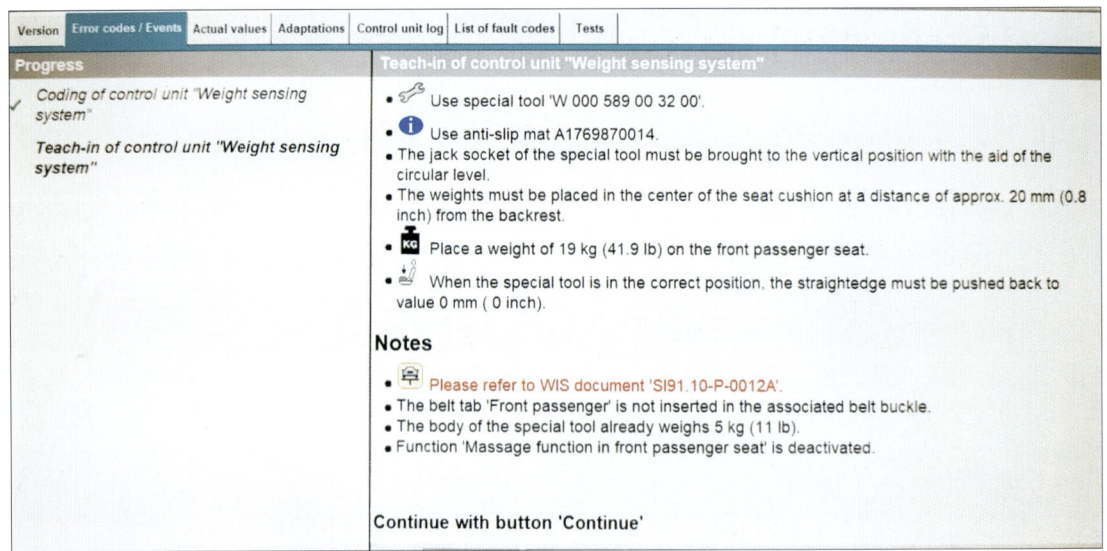

✅ 그림 40.3 동반석 시트 인식 센서 설정 작업

4 Xentry 전용 진단기를 사용하여 설정 항목에서 지시해 주는 내용에 의거하여 특수 공구를 사용하여 무게를 가감하면서 설정을 실시하면 완료된다.

무게 감지 설정 특수 공구

✅ 그림 40.4 동반석 무게 감지 센서의 설정을 위한 특수 공구

 무게는 진단기에서 제공하는 항목에 따라서 무게를 가감해야 한다.

40. SRS 경고등이 점등

트러블의 원인과 수정사항

원인

1. 동반석 무게 감지 센서의 작동 오류가 발생하였다.

수정사항

1. **동반석 무게 감지 센서를 교환**하였다.

참고

동반석 무게 감지 센서를 교환하고, 탑승자의 시트 탑승 인식을 설정하기 위하여 Xentry 전용 진단기로 동반석 무게 감지 센서의 무게 감지 설정을 반드시 실시해야 한다. 이를 실행하지 않으면 경고등이 점등하고, 동반석 에어백 작동에 오류가 발생할 수 있다.

Mercedes-Benz
253

41
리모컨 키로 차량 문이 간헐적으로 열리지 않는다

고객불만

간헐적으로 리모컨 키로 차량의 문이 열리지 않는다.

차량정보

모델	GLC 250 d
차종	253
차량등록	2017년
주행거리	27,370km

☑ 그림 41.1 253 차량 전면

진단

1. Xentry 전용 진단기로 전자 시스템을 점검하였다. 차량의 특별한 고장 코드가 확인되지 않았다.

2. 차량의 리모컨 키를 점검 하였다. 약간의 외부 충격에 의한 손상이 확인되었다.

3. 리모컨 키 작동의 기능 점검을 실시하기 위하여 도어 잠금과 열림 그리고 트렁크 열림 버튼을 작동 시 LED 램프의 점멸을 확인하고, 모든 기능은 정상적으로 작동하였다.

■ 주요 약어
- A8/1 송신기 키 (리모컨 키)
- N73 전자 점화 스위치
- N69/5 키리스고 컨트롤 유닛

해당 차량의 리모컨 키 배터리는 CR2025로 편의점에서 구매 가능하다.

☑ 그림 41.2 A8/1(Transmitter key, DAS 4) 송신기 키(리모컨 키)

4. A8/1(Transmitter key, 송신기 키) 배터리 전원은 3.1V로 확인되어 정상이었다.

5 N73(EIS – Electronic Ignition Switch, 전자 점화 스위치)을 점검하였다. 외부 손상은 없으며, 커넥터 접속 상태는 정상이고 특이 사항은 없었다.

☑ 그림 41.3 N73(EIS – 점화 스위치) 점검

6 N69/5(키리스고 컨트롤 유닛, Keyless Go Control Unit)는 리어 좌측 펜더 내부에 위치하고 있다. 컨트롤 유닛과 커넥터의 접속 상태는 정상이고 회로에 이상은 없었다.

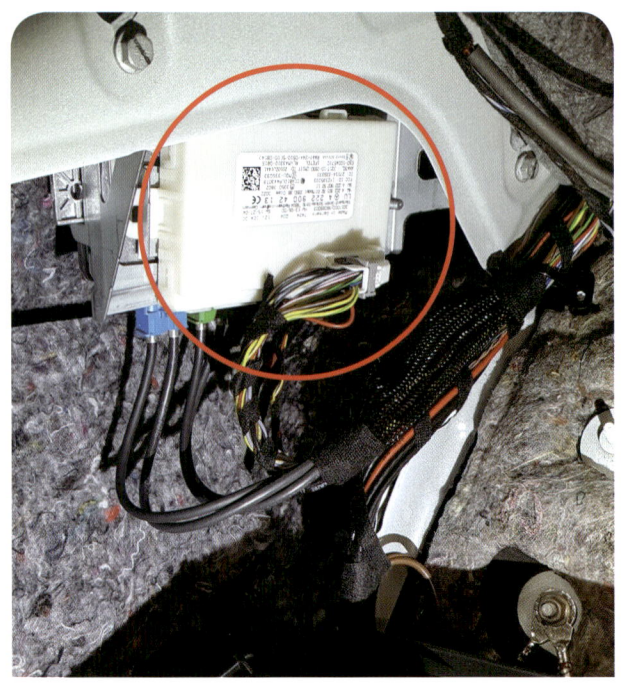

☑ 그림 41.4 N69/5(키리스고 컨트롤 유닛) 점검

7 Xentry 전용 진단기로 키 트랙을 점검 하였으나 특이 사항은 없었다.

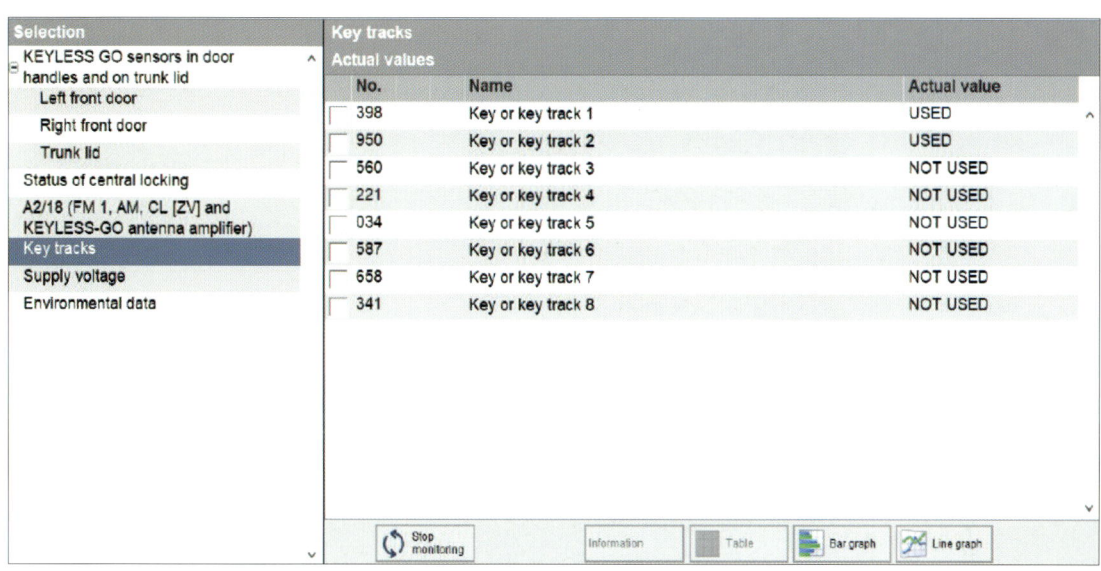

☑ 그림 41.5 키 트랙 점검

8 키리스고 시스템의 점검을 실시하였으나 테스트는 정상이었으며, 특이 사항은 없었다.

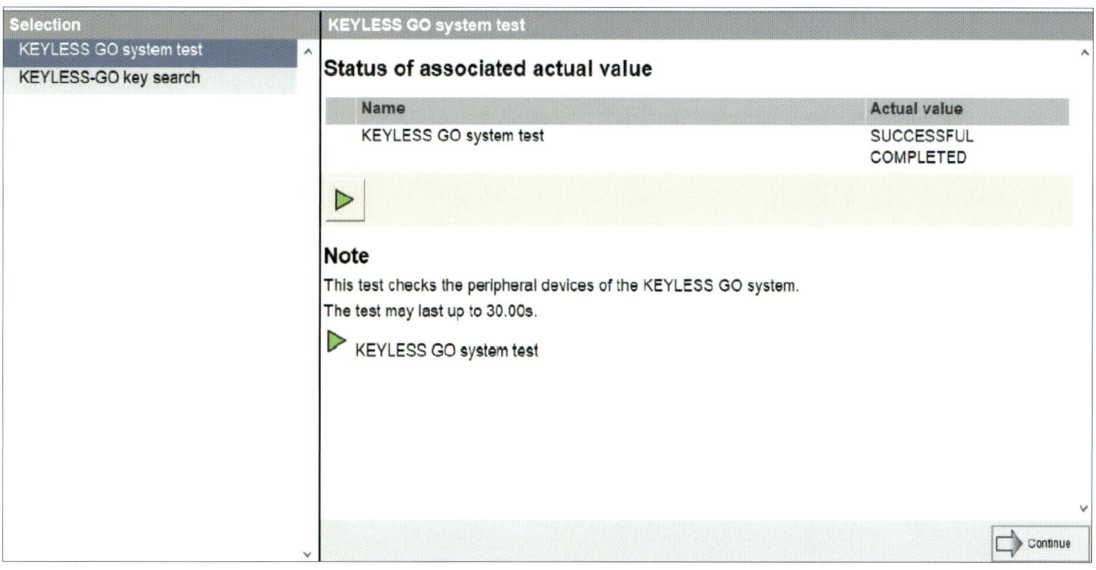

☑ 그림 41.6 키리스고 시스템 점검

9 리모컨 키를 차량 밖에 위치하고 점검 시 실제값은 정상적으로 차량 밖으로 표시하였다.

Status of associated actual values	
Name	Actual value
Key or key track 1	Key FOUND OUTSIDE VEHICLE
Key or key track 2	Key NOT FOUND
Key or key track 3	---
Key or key track 4	---
Key or key track 5	---
Key or key track 6	---
Key or key track 7	---
Key or key track 8	---

Legend:
▶ KEYLESS-GO key search

☑ 그림 41.7 키리스고 키 찾기(리모컨 키가 차량 밖에 위치시)

10 리모컨 키를 차량의 실내에 위치하고 점검 시 실제값은 정상적으로 차량 실내로 표시하였다.

Status of associated actual values	
Name	Actual value
Key or key track 1	Key FOUND IN VEHICLE
Key or key track 2	Key NOT FOUND
Key or key track 3	---
Key or key track 4	---
Key or key track 5	---
Key or key track 6	---
Key or key track 7	---
Key or key track 8	---

Legend:
▶ KEYLESS-GO key search

☑ 그림 41.8 키리스고 키 찾기(리모컨 키가 차량 안에 위치시)

11　N69/5(키리스고 컨트롤 유닛)의 소프트웨어를 확인해보니 새로운 소프트웨어 버전은 없었다.

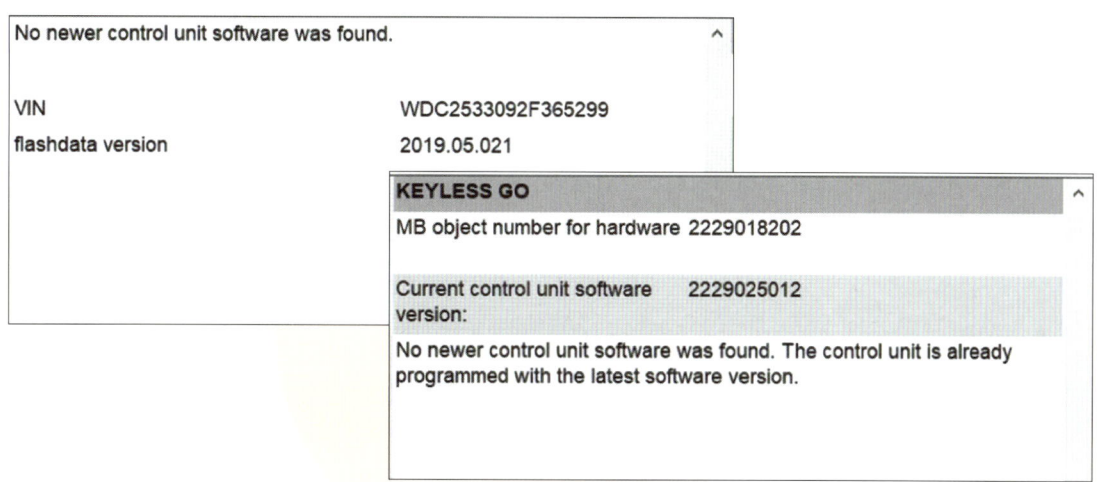

✓ 그림 41.9　N69/5(키리스고 컨트롤 유닛)의 소프트웨어 점검

12　리어 안테나와 키리스고 관련 부품을 모두 점검 하였으나, 특이 사항은 발견되지 않았다.

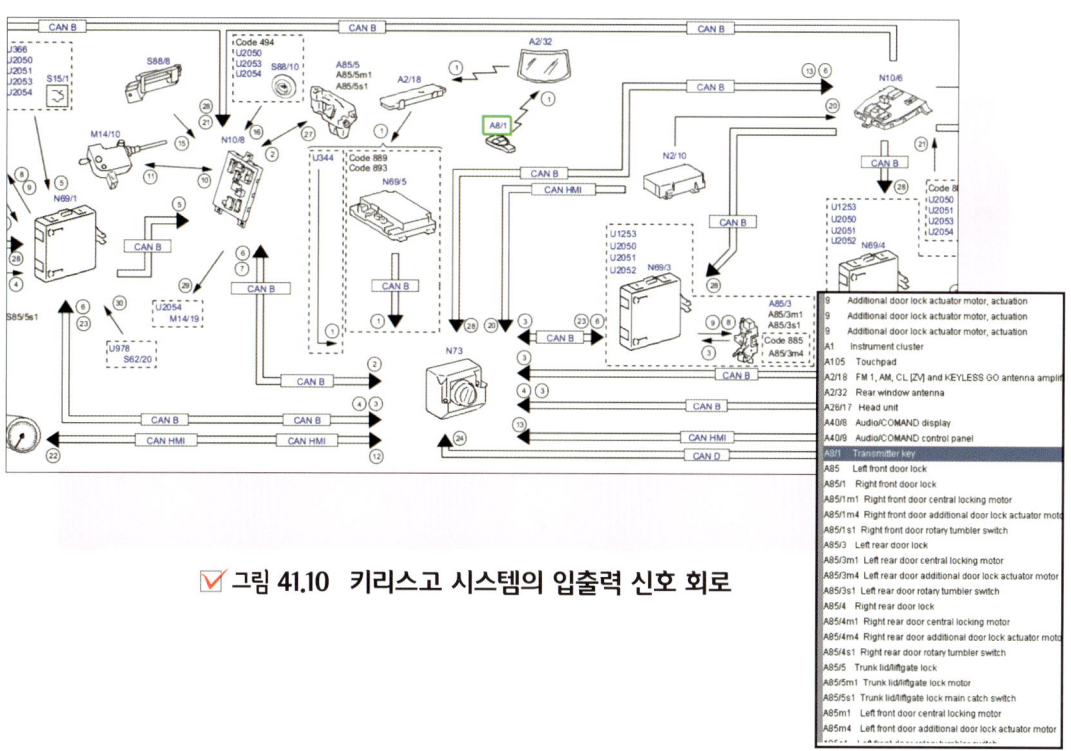

✓ 그림 41.10　키리스고 시스템의 입출력 신호 회로

트러블의 원인과 수정사항

원 인

1. No.1 리모컨 키의 내부 작동이 불량하다.

수정사항

1. **No.1 리모컨 키**를 **교환**하였다.

참 고

1. 해당 증상의 발생이 확인되지 않아서 고객에게 리모컨 키 No.1과 No.2를 주기적으로 교차하여 사용할 것을 요청하였다.
2. No.1 키는 문이 열리지 않는 증상이 간헐적으로 발생하였으나, No.2 키는 이상 없이 사용하였다는 답변을 받았다.
3. 일반적으로 증상이 간헐적인 경우는 최대한 고객에게 양해를 구하고, 고객의 진실한 답변을 받는 것이 최선의 방법일 것이다.

Mercedes-Benz
246

차량정보

모델	B 180
차종	246
차량등록	2012년
주행거리	56,886km

42
엔진 경고등이 점등하였다

고객불만

엔진 경고등이 점등하였다.

✓ 그림 42.1 246 차량 전면

진단

1. Xentry 전용 진단기로 전자 시스템을 점검 하였다. N3/10(엔진 컨트롤 유닛)의 내부에 고장 코드가 P012800 : '냉각수 온도가 수온 조절기 규정 온도보다 이하에 있다 - 현재형' 으로 확인되었다.

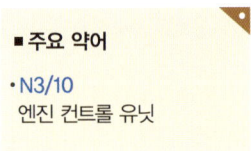

■ 주요 약어

• N3/10
  엔진 컨트롤 유닛

N3/10 - Motor electronics 'MED40' for combustion engine 'M270' (ME)				-f-
Model	Part number	Supplier	Version	
Hardware	270 901 09 00	Bosch	12/12 00	
Software	270 904 01 00	Bosch	11/25 00	
Software	270 902 59 00	Bosch	12/17 00	
Software	270 903 06 01	Bosch	12/22 00	
Software	---	---	11/25 00	
Diagnosis identifier	02282C	Control unit variant	VC7_U8	
Fault	Text			Status
P012800	The coolant temperature is below the coolant thermostat specified temperature. _			S ☀

☑ 그림 42.2 N3/10 (엔진 컨트롤 유닛) 내부 고장 코드

2. 상기 고장 코드에 의거하여 가이드 테스트를 실시하기 위해서는 약 8시간 가량 상온에서 엔진을 식혀야 한다. 그리고 엔진을 상온 상태에서 해당 가이드 테스트를 실시하였다.

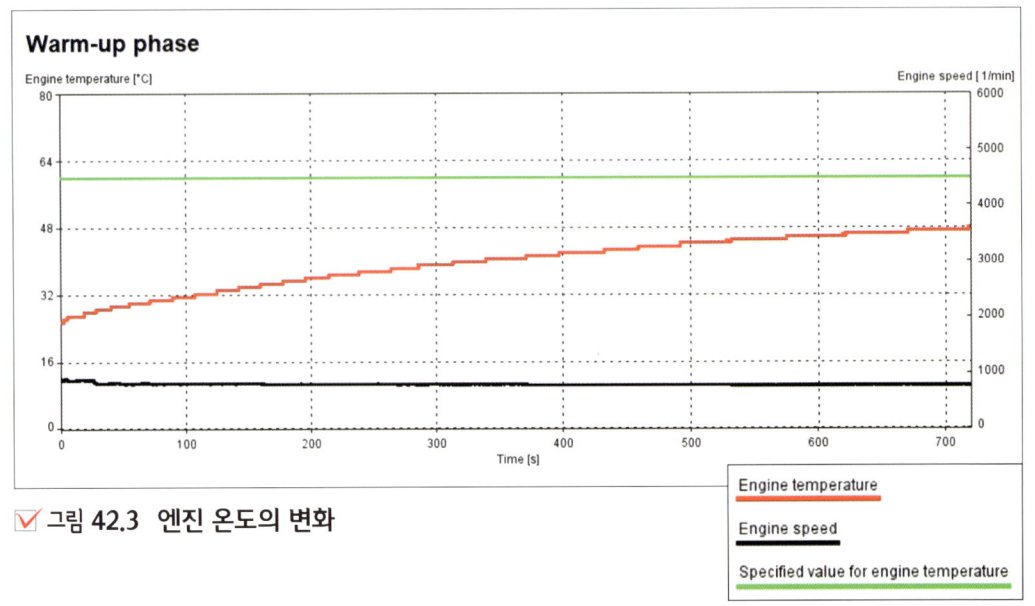

☑ 그림 42.3 엔진 온도의 변화

3. 가이드 테스트 결과는 수온 조절기 교환으로 확인되었다.

Test result
- The measured value is not OK.

Possible cause and remedy
- Replace component 'Coolant thermostat'.

End of test

그림 42.4 가이드 테스트 결과

그림 42.5 수온 조절기 구품과 신품

트러블의 원인과 수정사항

원 인	수정사항
1. 수온 조절기 내부의 작동이 불량하다.	1. **수온 조절기를 교환**하였다.

참고

1 상기 고장 코드 발생 시 공식 문서에 의거하면 일차적으로 엔진 컨트롤 유닛의 소프트웨어 업데이트를 확인해야 한다.
2 새로운 소프트웨어가 확인되면 업데이트를 실시해야 한다. 그러나 소프트웨어를 업데이트하면 상기 고장 코드는 자동으로 삭제가 되므로 주의해야 한다.
3 가이드 테스트도 엔진이 충분히 식은 상태에서 실시해야 한다. 공식 문서에서는 약 8시간 가량 상온에서 엔진을 충분히 식힌 후 가이드 테스트를 실시하도록 요구하고 있다.
4 수온 조절기가 엔진의 뒤쪽에 위치해 있으므로 작업 시 안전에 주의하여 작업을 실시해야 한다.
5 그리고 수온 조절기에 5개의 냉각수 호스가 복잡하게 연결이 되어 있다. 그러므로 냉각수 호스 클램프 조립 시 방향에 유의하여 조립해야 한다. 그렇지 않으면 냉각수 호스의 손상이 발생될 수 있다.
6 M270 엔진에서 동일 증상의 확인이 가능하다.

Mercedes-Benz
211

43
턴시그널 레버를 작동 후 원위치 되지 않는다

고객불만

턴시그널 레버를 작동 후 원위치가 되지 않는다.

차량정보

모델	E 320
차종	211
차량등록	2003년
주행거리	161,057km

☑ 그림 43.1 211 차량 전면

진 단

1 고객 불만을 확인하고 스티어링 휠을 탈착한 후 턴시그널 레버를 점검하였다.

☑ 그림 43.2 스티어링 휠 탈착 후

2 클럭 스프링 콘택트의 플라스틱 가이드가 파손되어 있었다.

☑ 그림 43.3 클럭 스프링 콘택트의 플라스틱 가이드 파손

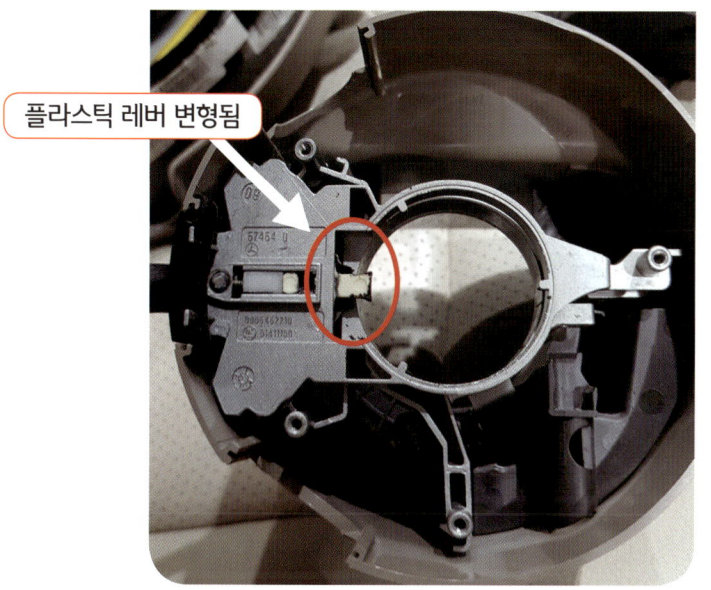

☑ 그림 43.4 턴시그널 레버 내부의 플라스틱 레버가 변형됨

트러블의 원인과 수정사항

원인

1. 클럭 스프링 콘택트의 플라스틱 가이드의 파손으로 인하여 턴시그널 레버의 플라스틱 레버가 변형되었다.

수정사항

1. **클럭 스프링 콘택트**와 **턴시그널 레버**를 **교환**하였다.

참고

클럭 스프링 조립 시 평형을 잘 맞추어 조립해야 한다. 그렇지 않으면 스티어링 휠 회전 시 이상 소음의 발생이 가능하다.

Mercedes-Benz 219

44
히터가 작동하지 않는다

고객불만

히터가 작동하지 않는다.

차량정보

모델	CLS 350
차종	219
차량등록	2003년
주행거리	135,638km

☑ 그림 44.1 219 차량 전면

진단

1 이전 작업자가 히터의 작동이 불량하여 히터 셧오프 밸브를 교환하고, 냉각수 회로의 내부 공기 빼기도 실시하였으나 증상이 동일하였다.

2 차량을 육안 점검해보니 몇 가지 이상한 점을 발견하였다. 냉각수에 오일이 섞여 있음을 확인하였고, 냉각수는 비정품으로 확인되었다.

그림 44.2 냉각수 리저버 탱크에서 오일 확인

3 엔진 오일 필터 하우징과 엔진 오일 쿨러 중간에서 엔진 오일의 누유를 확인하였다.

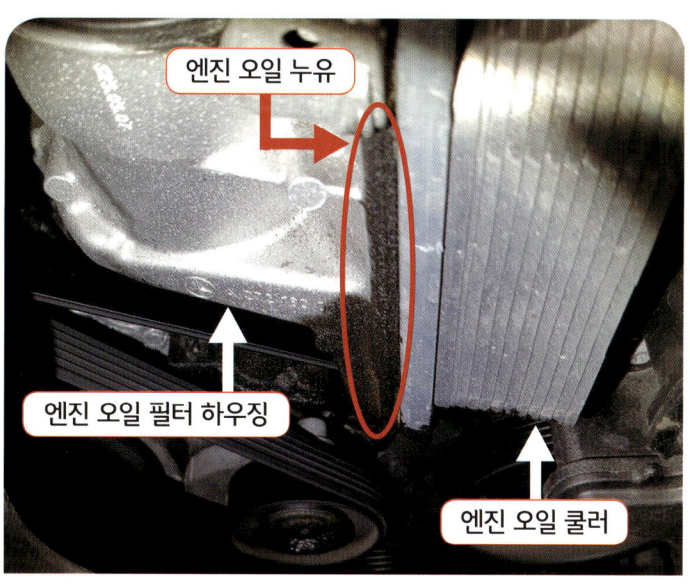

그림 44.3 엔진 오일 필터 하우징과 쿨러 사이 오일 누유

4 엔진 오일 쿨러 하우징을 교환하기 위하여 부품을 탈거하다 보니 특이사항이 발견되었다. 냉각수 블리딩 호스는 경화되어 파손되고, 수온 조절기는 부식되어 블록에 고착되어 있었다.

☑ 그림 44.4 손상된 냉각수 블리딩 호스와 부식으로 고착된 수온 조절기

5 냉각수 회로 관련 부품에서 부식이 상당히 진행되어 있음을 발견하였다.

☑ 그림 44.5 엔진 오일 필터 하우징 구품과 신품

44. 히터가 작동 안 함

6 파손된 부품을 교환하고 히터의 작동을 확인하였다. 하지만 히터는 아직도 작동하지 않았다. 엔진의 정상 온도 약 80℃ 이상을 확인하고 히터 호스의 온도를 손으로 확인 하였다. 엔진의 냉각수 출구 호스로부터 히터 코어의 입구 호스까지는 온기가 확인 되었으나, 이후부터는 냉기가 확인 되었다. 그리고 히터 코어의 출구 호스에서도 냉기가 확인 되었다.

7 결국 히터 코어의 내부 통로가 부식으로 인하여 막힌 것으로 판단이 되었다. 고객에게 작업의 진행 상황을 알리고 화학제품을 사용하여 냉각수 회로를 플러싱하였다. 다량의 부식된 이물질을 확인할 수 있었다.

8 플러싱을 충분히 실시하고, 히터의 정상적인 작동을 확인하였다.

그림 44.6 히터 코어의 내부 통로 플러싱 실시

트러블의 원인과 수정사항

원인

1. 비정품의 냉각수 사용으로 인한 냉각수 통로의 부식이 발생되었다.

수정사항

1. **엔진 오일 필터 하우징**과 **쿨러 어셈블리, 수온 조절기, 냉각수 블리딩 호스**를 **교환**하고 고객의 요청에 의거하여 화학제품을 사용하여 **냉각수 통로**를 **플러싱 작업**하였다.

참고

제조사는 정품 냉각수 사용을 권장하므로 비중에 맞춰서 정품 냉각수를 사용해야 한다. 그렇지 아니한 경우 위와 같이 냉각수 통로에 부식이 발생할 가능성이 높다고 볼 수 있다.

Mercedes-Benz
205

45
보조 배터리 경고등이 점등하였다

고객불만

보조 배터리의 기능 이상으로 경고등이 점등한다.

차량정보

모델	C 200
차종	205
차량등록	2016년
주행거리	13,531km

☑ 그림 45.1 205 차량 전면

209

진단

1. Xentry 전용 진단기를 사용하여 전자 시스템의 점검을 실시하였다. N73(전자 점화 잠금 장치, Electronic ignition lock) 내부의 고장 코드 B21DC01 : '전자 점화 스위치의 버퍼 배터리의 기능에 이상이 발생하였다. – 현재형과 저장됨' 을 확인하였다.

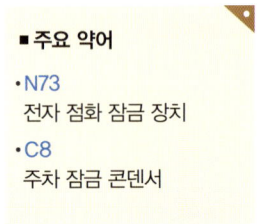

■주요 약어
- N73
  전자 점화 잠금 장치
- C8
  주차 잠금 콘덴서

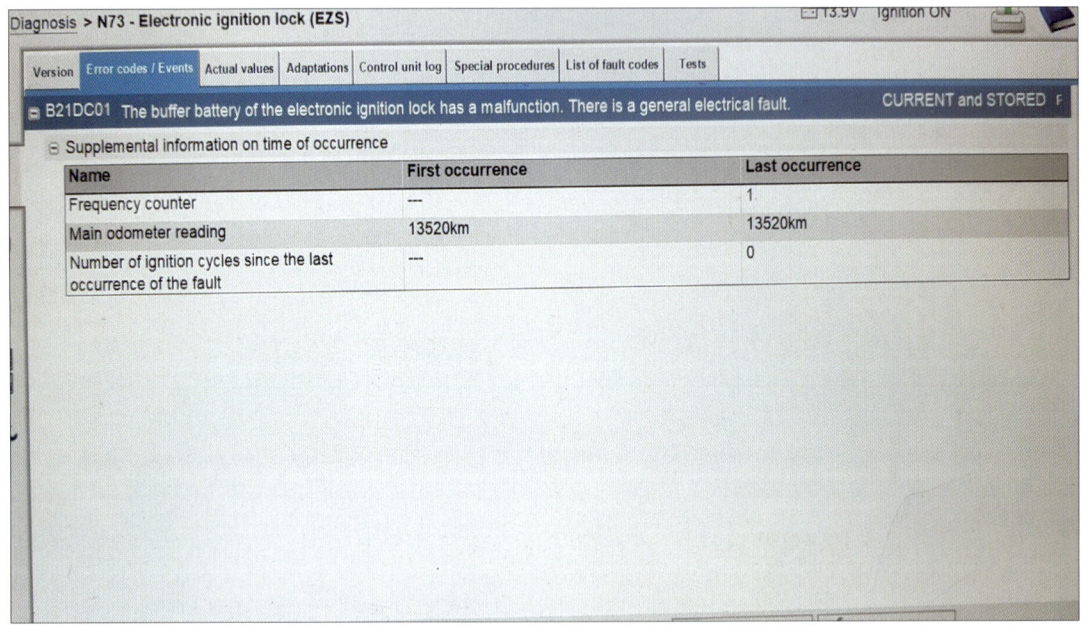

☑ 그림 45.2 N73(전자 점화 잠금 장치) 내부의 고장 코드

45. 보조 배터리 경고등 점등

2 고장 코드에 의거하여 가이드 테스트를 실시하였다. 보조 배터리 기능을 대체하는 C8(Park pawl capacitor, 주차 잠금 콘덴서)의 실제값이 0.00V(7.5~15.50V)로 규정값을 초과해 있음을 확인하였다.

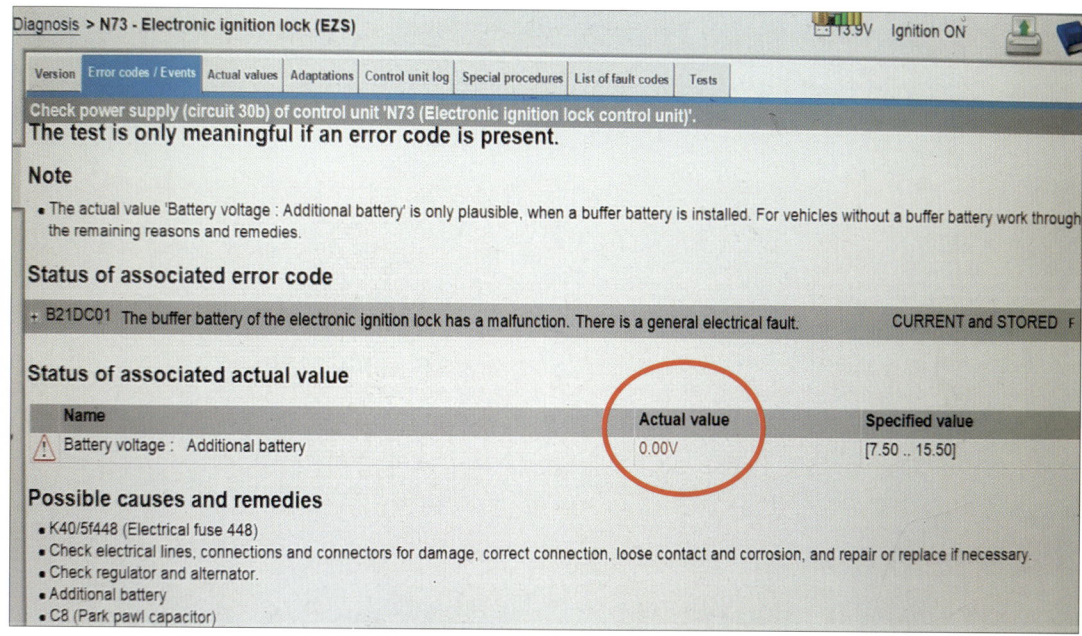

☑ 그림 45.3 B21DC01의 가이드 테스트 결과

☑ 그림 45.4 C8(Park pawl capacitor, 주차 잠금 콘덴서)의 위치

트러블의 원인과 수정사항

원인

1. C8(Park pawl capacitor, 주차 잠금 콘덴서)의 작동이 불량하다.

수정사항

1. C8(Park pawl capacitor, 주차 잠금 콘덴서)을 **교환**하였다.

참고

1 C8은 차량의 주전원 시스템에 기능의 이상이 발생한 경우 변속 위치가 P 위치로 변경되도록 작동하는 보조 기능으로 사용할 목적으로 하고 있다.
2 차종에 따라 보조 배터리를 적용하기도 하지만, 최근에는 전기를 축적하는 콘덴서를 사용하여 주차 잠금 기능으로 사용하고 있다.
3 205 차량에서 동일 증상의 확인이 가능하다.

Mercedes-Benz 166

차량정보

모델	ML 250 CDI
차종	166
차량등록	2016년
주행거리	92,405km

46
AdBlue(요소수) 경고등이 점등하였다

고객불만

AdBlue 경고등이 점등하고, 559km 주행 후 엔진 시동이 불가능하다는 메시지를 표시하였다.

☑ 그림 46.1 166 차량 전면

부가내용

⚠ **요소수 취급시 주의 사항**

화학물질 취급 시 고무장갑을 착용하고, 보안경을 착용해야 하며 피부에 닿으면 즉시 흐르는 물로 닦아야 한다. 흰색 결정은 요소수가 응고한 것이므로 물로 세척하면 된다.

진 단

1. 계기판의 다기능 표시창에 559km 주행 후 시동이 불가하다는 메시지의 점등을 확인하였다.

> ■ 주요 약어
>
> • N3/9
>   엔진 컨트롤 유닛
>
> • A103/2m1
>   AdBlue 딜리버리 펌프
>
> • SCN 코딩
> Software Calibration Number 코딩(제조사는 해당 차량의 차대 번호에 의거하여 제조사의 온라인 서버에 장착 옵션을 저장하고 있다. 온라인에 연결하면 컨트롤 유닛의 교환이나 코딩시에 설정된 옵션 코드를 자동으로 입력 및 변경해주는 코딩작업이다.

☑ 그림 46.2 계기판의 다기능 표시창에 시동 제한 경고 메시지 점등

2. Xentry 전용 진단기로 전자 시스템을 점검 하였다.
   N3/9(엔진 컨트롤 유닛) 내부에 시동 제한 고장 코드가 P13E100과 P13E400으로 확인되었다.

+ P13E100	The remaining driving distance is limited due to a low AdBlue® fill level.	STORED
+ P13DF09	The AdBlue® system has a malfunction. There is a component fault.	STORED
+ P13E400	The remaining driving distance is limited due to a malfunction in the AdBlue® system.	CURRENT and STORED
+ P2BA9FD	The emission limit for the NOx concentration has been exceeded (AdBlue® quality is too low).	CURRENT and STORED
+ P229F62	The signal of component 'NOx sensor' is implausible. The following test procedure must always be performed in its entirety.	STORED
+ P2201E5	The signal of component 'NOx sensor' is implausible. The following test procedure must always be performed in its entirety.	STORED

☑ 그림 46.3 N3/9(엔진 컨트롤 유닛) 내부의 고장 코드

3 상기 고장 코드에 의거하여 가이드 테스트를 실시하였다. 요구 사항으로 엔진 컨트롤 유닛의 소프트웨어 업데이트 확인, AdBlue 탱크 레벨 그리고 고장 코드의 추가 점검으로 확인되었다.

Symptoms
- Starting the engine is not possible due to a malfunction in the AdBlue® system.
- Starting the engine is not possible due to a low AdBlue® fill level.

Requirement
- Check software release of control unit 'CDI' and update if necessary.
- Ignition ON
- The AdBlue® tank must be completely full.
- If other fault codes are current, they must be processed.

☑ 그림 46.4 가이드 테스트의 요구 사항

4 AdBlue 탱크의 보충 레벨을 확인해보니 29.07L(0.00 ~ 31.00)리터로 정상이었다.

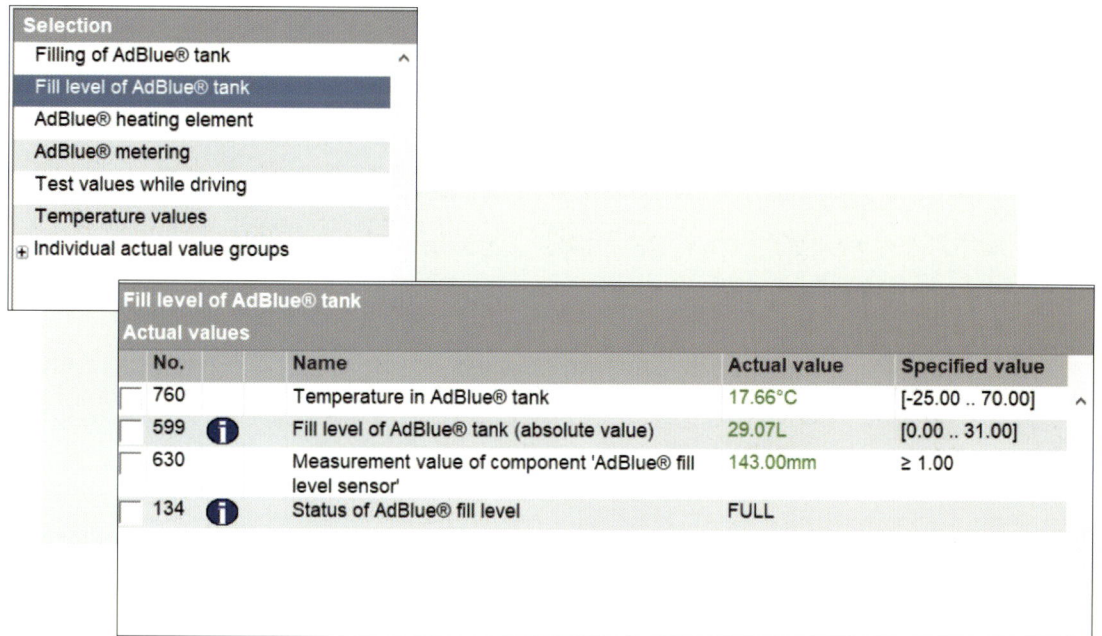

☑ 그림 46.5 AdBlue 탱크의 보충 레벨

5 A103/2m1(AdBlue 딜리버리 펌프)의 작동 점검을 실시하였다. 6.2 Bar로 정상이었다.

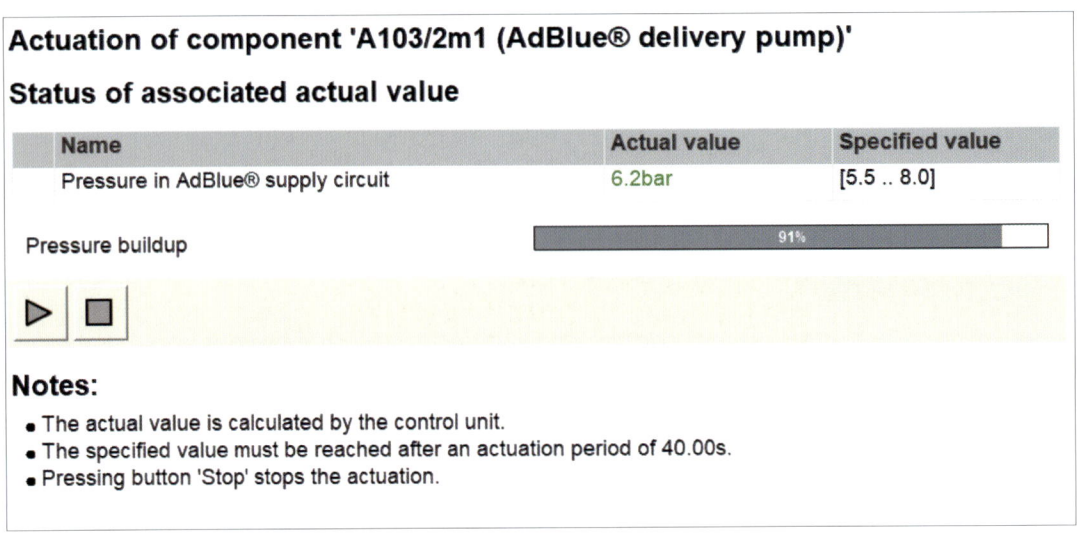

☑ 그림 46.6 AdBlue 딜리버리 펌프 작동 상태

6 N3/9(엔진 컨트롤 유닛)에 SCN 코딩을 실시하였다.

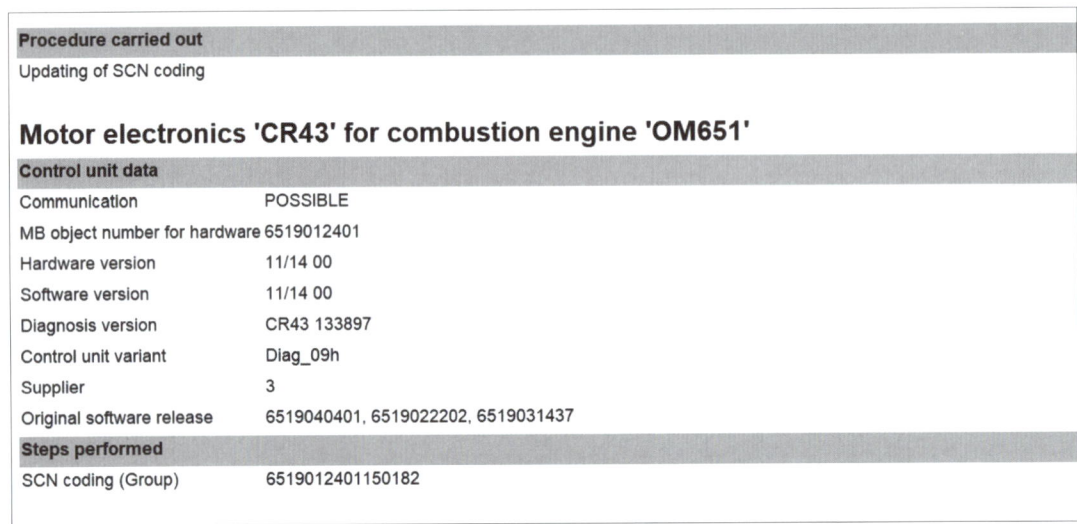

☑ 그림 46.7 N3/9(엔진 컨트롤 유닛) SCN 코딩 실시

7 AdBlue 미터링 밸브를 점검해보니 역시나 오염이 확인되어서 클리닝 작업을 실시하였다.

✅ 그림 46.8 AdBlue 미터링 밸브 오염

8 NOx 센서 상부와 하부의 작동 상태가 엔진 회전수에 따라서 정상 작동됨을 확인하였다.

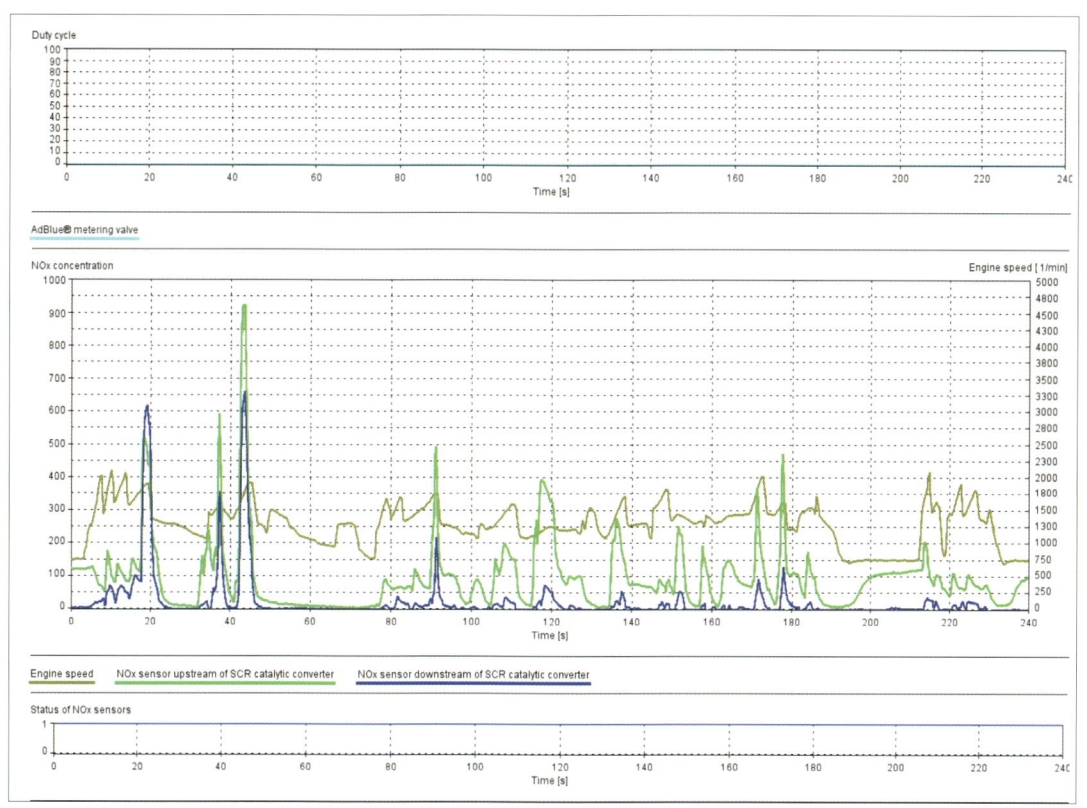

✅ 그림 46.9 주행 중 NOx 센서 상하부의 작동 상태 확인

트러블의 원인과 수정사항

원 인

1. AdBlue 미터링 밸브가 오염이 되었다.

수정사항

1. **AdBlue 미터링 밸브**를 **클리닝**하고, **N3/9**(엔진 컨트롤 유닛)에 **SCN 코딩**을 **실시**하였다.

참고

AdBlue 시스템은 각 부품마다 정상적으로 작동하는지 직접 작동 상태를 확인해야 한다.

Mercedes-Benz
212

차량정보

모델	E 200
차종	212
차량등록	2013년
주행거리	38,886km

47
엔진 경고등이 점등하였다

고객불만

엔진 경고등이 점등하였다.

그림 47.1 212 차량 전면

진단

1. Xentry 전용 진단기를 사용하여 전자 시스템을 점검 하였다. N3/10(엔진 컨트롤 유닛)에 고장 코드인 'P001164 : 흡기 캠축의 위치가 규정치를 벗어낫다 - 저장됨' 을 확인 하였다.

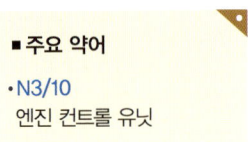

■ 주요 약어

- N3/10
  엔진 컨트롤 유닛

Name	First occurrence	Last occurrence
P001164 The position of the intake camshaft (cylinder bank 1) deviates from the specified value. There is an implausible signal.		STORED
Control unit-specific environmental data		
Development data ((DATA_RECORD_4_OCCURRENCE))	---	********* Data Record 4 ****
Vehicle speed (PID0Dh)	42.00	55.00
Development data ((PID1Fh_CoEng_tiNormalOBD))	143.00s	306.00s
Fill level of fuel tank (PID2Fh)	30.98%	36.47%
Ambient pressure (PID33h)	100.00	100.00
Number of injections per power stroke (anzesrk)	2.00	2.00
Operating mode (bdemod)	1.00	1.00
Development data ((combust1_u))	16.00	48.00
Development data ((combust2_u))	2.00	0.00
Development data ((enhdtcinfo))	0.00	0.00
Lambda control upstream of right catalytic converter (frm_u)	1.00	0.88
Actual gear (gangi)	Gear 4	Gear 5
Self-adjustment in partial-load range, right cylinder bank (high_byte_of_fra_w)	0.84	0.84
Number of combustion misfires (high_byte_of_fzabgs_w)	0.00	0.00
Development data ((high_byte_of_ofmsndk_w))	0.00kg/h	0.00kg/h
Development data ((high_byte_of_rlmaxmd_w))	150.00%	144.00%
Development data ((high_byte_of_rlmds_w))	60.00%	72.00%
Duty cycle of boost pressure positioner (high_byte_of_tvldste_w)	8.98%	26.56%
Driving distance since activation of engine diagnosis indicator lamp (kmmilon_w)	0.00km	0.00km
CAN message 'Odometer' (KMODOENV_W)	38736.00km	38736.00km
Lambda value of right cylinder bank (lamsoni_u)	1.00	1.02
Indicated engine torque (miist_w)	28.11%	33.38%
Torque request (mss_info)	0.00	0.00
Engine speed (nmot)	1480.00 1/min	1400.00 1/min
Self-adjustment in idle speed range, right cylinder bank (ora)	2.25%	2.25%
Low fuel pressure (absolute value) (pistnd_w)	4.45bar	4.45bar

Rail pressure (unfiltered absolute value) (prroh_w)	199.66bar	199.83bar
Intake manifold pressure (absolute value) (psr_w)	762.97hPa	887.50hPa
Intake manifold pressure (psrs_w)	764.22hPa	885.31hPa
Pressure upstream of throttle valve actuator (pvd_w)	993.98hPa	1010.00hPa
Specified pressure upstream of throttle valve actuator (pvds_w)	923.05hPa	999.77hPa
Relative fuel mass, right cylinder bank (rk_w)	57.23%	55.50%
Relative air mass (rl)	62.25%	74.25%
Intake air temperature (tans)	18.00°C	17.25°C
Fuel temperature (raw value) B4/25	29.25°C	30.75°C
Calculated fuel temperature (tndev)	31.50°C	36.00°C
Engine temperature (tmot)	51.00°C	76.50°C
Engine temperature at engine start (tmst)	24.77°C	24.77°C
Ambient temperature (tumg)	17.25°C	16.50°C
Position of throttle valve (wdkba)	0.12%	0.17%
Mean value of ignition angle setting in direction "Retarded" (wkrmv)	0.00°	0.00°
Position of exhaust camshaft of right cylinder bank (wnwa_u)	-4.00°	-7.00°
Position of intake camshaft of right cylinder bank (wnwe_u)	18.00°	16.00°
Supplemental information on time of occurrence		

☑ 그림 47.2 N3/10(엔진 컨트롤 유닛) 내부 고장 코드

2 가이드 테스트를 실시하였다. 흡기 캠 샤프트 위치의 실제값이 규정을 초과함을 확인하였다.

The position of the camshaft is implausible compared with the position of the crankshaft.

Test prerequisite
- No error code for component 'B6/15 (Intake camshaft Hall sensor)' is present.
- No error code for component 'B6/16 (Exhaust camshaft Hall sensor)' is present.
- No error code for component 'B70 (Crankshaft Hall sensor)' is present.
- No fault in camshaft adjustment present.

Test procedure
- Start combustion engine and allow to idle.

Status of associated actual values

Name	Actual value	Specified value
Position of exhaust camshaft	-32.9°	[-40.5 .. -25.5]
⚠ Position of intake camshaft	35.0°	[43.5 .. 58.5]

☑ 그림 47.3 캠축의 위치 실제값

3   캠축의 위치가 규정 위치를 초과함에 따른 가이드 테스트의 결과를 확인하였다. 크랭크축과 캠축의 타이밍 위치가 동기화되지 않으니 타이밍 체인이나 추가적인 점검이 필요하였다.

The position of the camshaft is implausible compared with the position of the crankshaft.
- The actual values are not OK.

Possible causes and remedies
- Mismatch between timing chain and camshaft sprocket or crankshaft sprocket (timing chain jumped)
- The chain tensioner is incorrectly installed (see WIS for the precise sequence).
- Check timing.

End of test

☑ 그림 47.4 캠축 위치 변화에 따른 가이드 테스트 확인

4   캠축 위치 조절을 확인해 보니 흡기 캠축의 어뎁테이션 실행이 완료되지 않았다. 배기 캠축의 어뎁테이션은 완벽하게 실시가 완료되었다.

No.	Name	Actual value	Specified value
488	Status of adaptation - Intake camshaft	Abort of adaptation	COMPLETED
179	Correction factor for installation position of camshaft "Right intake"	-0.90°	[-6.00 .. 6.00]
414	Status of adaptation - Exhaust camshaft	COMPLETED	COMPLETED
693	Correction factor for installation position of camshaft "Right exhaust"	1.08°	[-6.00 .. 6.00]

☑ 그림 47.5 캠축 위치의 어뎁테이션 상태 실제값

5

육안으로 캠축의 위치를 확인하였다.
배기는 정상으로 확인되었으나 흡기는 비정상이었다.

☑ 그림 47.6
배기 캠축 위치 확인

캠축 위치 확인 불가

☑ 그림 47.7 흡기 캠축 위치 확인

6 육안 점검을 위하여 실린더 헤드 커버를 탈착하고, 캠축에 타이밍 특수 공구를 설치하였다.

☑ 그림 47.8 M274 엔진 캠축에 타이밍 특수 공구 설치

7 흡기 캠축의 정렬을 확인하였다. 흡기 캠축의 타이밍 펄스 휠이 약간 변형되어 있음을 확인하였다. 흡기 캠축의 펄스 휠이 변형됨을 확인하고 흡기 캠축을 교환 하였다.

☑ 그림 47.9 흡기 캠축의 정렬 확인

그림 47.10 흡기 캠축 교환

트러블의 원인과 수정사항

원 인

1. 흡기 캠축의 타이밍 펄스 휠이 변형되었다.

수정사항

1. **흡기 캠축**을 **교환**하였다.

참 고

1. 캠축 타이밍 펄스 휠의 변형으로 인하여 상기 증상이 발생하였다.
2. 일반적으로 M274 엔진에서 동일 증상의 확인이 가능하다.

[Mercedes-Benz 222]

차량정보

모델	S 500
차종	222
차량등록	2015년
주행거리	31,386km

48
보조 배터리 경고등이 점등하였다

고객불만

보조 배터리 경고등이 점등하였다.

☑ 그림 48.1 222 차량 전면

진 단

1 Xentry 전용 진단기를 사용하여 전자 시스템을 점검 하였다. N10/6 프런트 SAM 내부의 고장 코드 B11C11B : '보조 배터리의 기능 이상이 발생하였다. 보조 배터리의 내부 저항이 한계값을 초과하였다. - 현재형 그리고 저장됨'을 확인하였다.

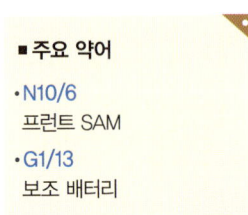

■ 주요 약어
- N10/6
  프런트 SAM
- G1/13
  보조 배터리

N10/6 - Front signal acquisition and actuation module (Driver-side SAM)			-F-
Model	Part number	Supplier	Version
Hardware	222 901 13 03	Hella	13/08 000
Software	222 902 41 08	Hella	13/50 000
Boot software	---	---	12/06 005
Diagnosis identifier	020013	Control unit variant	BC_F222_E17

Fault	Text		Status
B11C11B	The additional battery has a malfunction. The limit value for resistance has been exceeded.		A+S
	Name	First occurrence	Last occurrence
	Frequency counter	---	2
	Main odometer reading	31328km	31344km
	Number of ignition cycles since the last occurrence of the fault	---	0
			A+S=CURRENT and STORED

☑ 그림 48.2 프런트 SAM 내부의 고장 코드

2 G1/13(보조 배터리)와 전기 배선의 점검을 위한 가이드 테스트의 제시를 확인하였다.

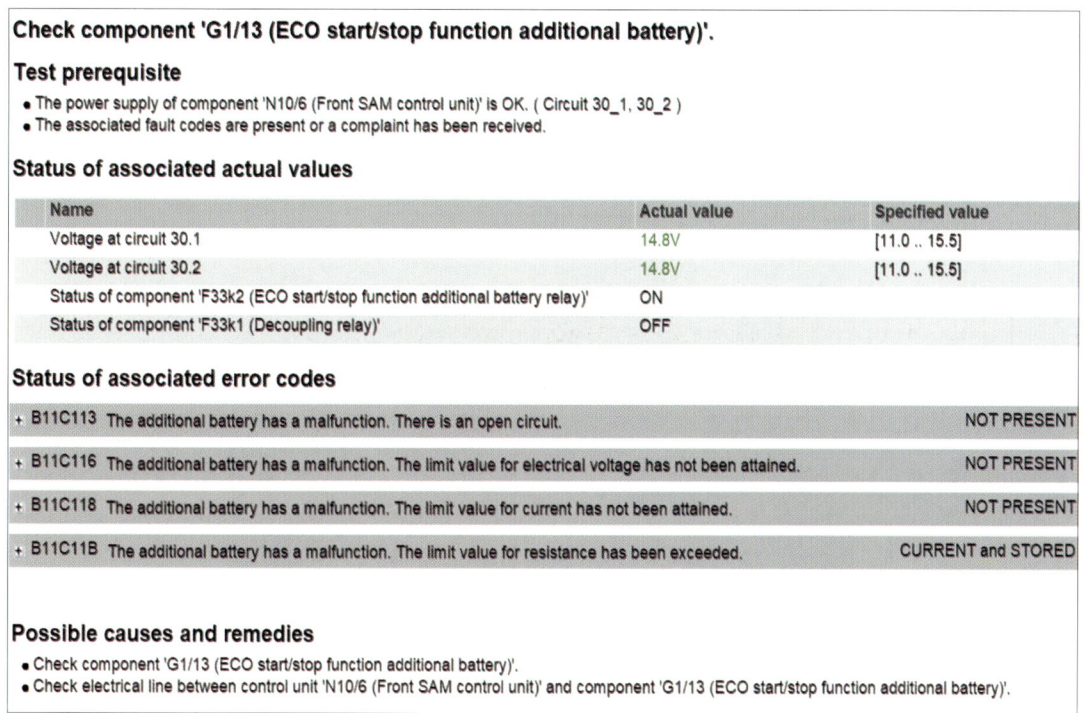

그림 48.3 G1/13(보조 배터리) 점검을 위한 가이드 테스트 결과

3 G1/13(보조 배터리)의 실제값을 확인하였다. 1085mΩ으로 규정값을 초과하였다.

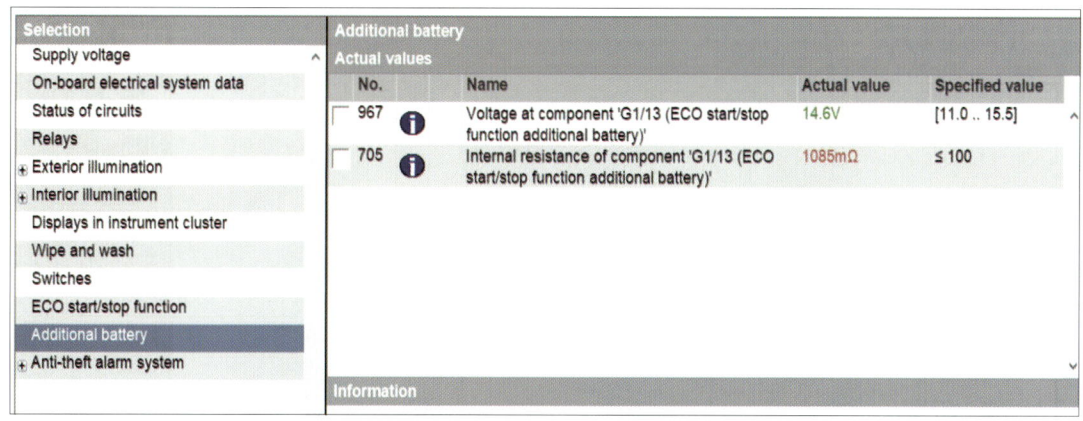

그림 48.4 G1/13(보조 배터리) 내부 저항 초과

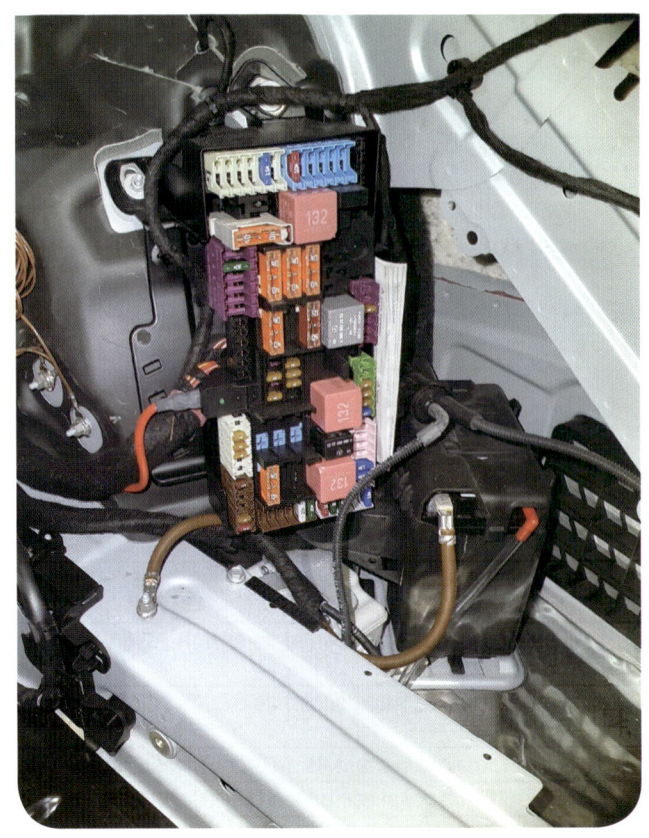

▽ 그림 48.5   트렁크 내부 우측 하단

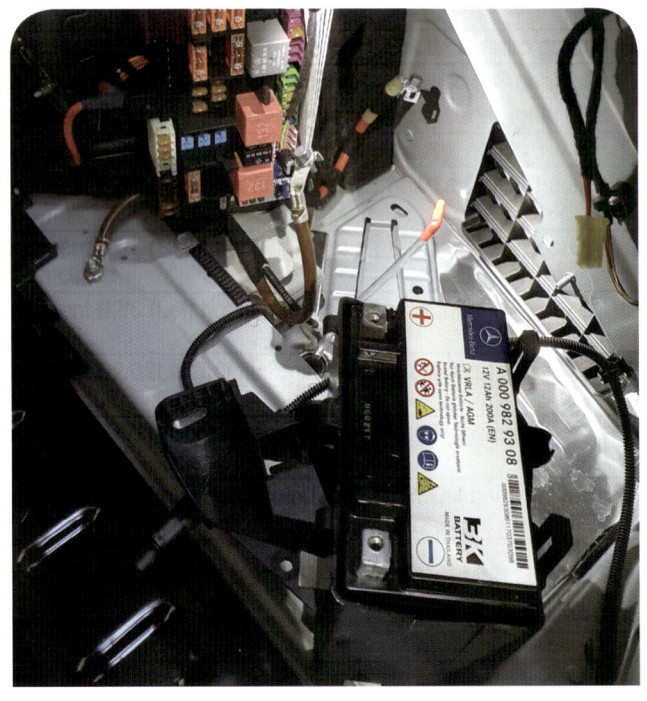

▽ 그림 48.6   트렁크 내부 우측 하단의 보조 배터리 탈착

48. 보조 배터리 경고등 점등

트러블의 원인과 수정사항

원인

1. 보조 배터리의 내부 저항이 한계 값을 초과하였다.

수정사항

1. **보조 배터리**를 **교환**하였다.

참고

1. 보조 배터리 탈착시에 우측 트렁크 커버를 모두 탈착하고 작업하는 것이 수월하다.
2. 222 차량에서 동일 증상의 확인이 가능하다.

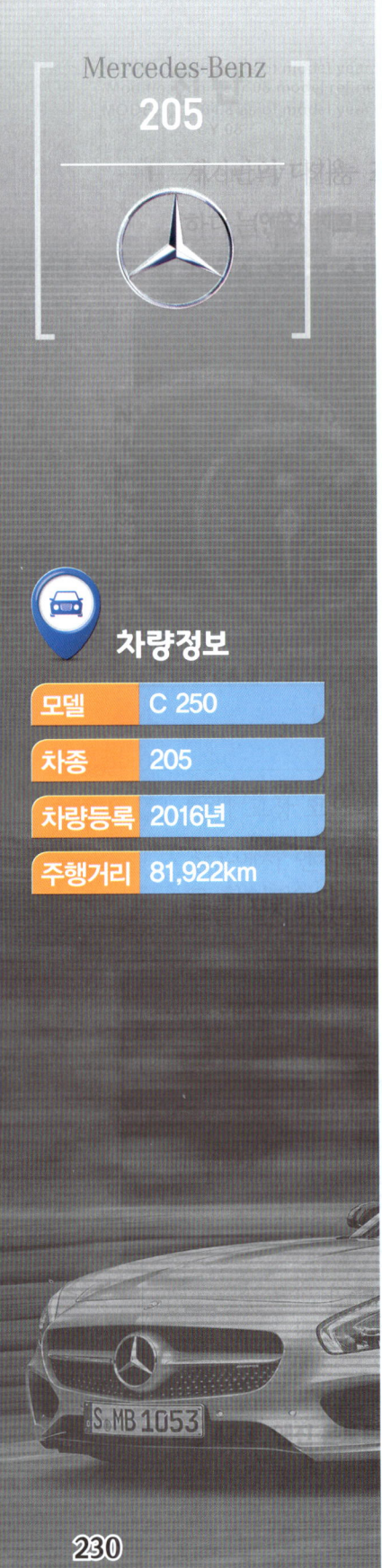

Mercedes-Benz
205

49
액티브 보닛 기능 이상 경고 메시지가 점등하였다

고객불만

액티브 보닛 기능 이상 경고 메시지가 점등하였다.

차량정보

모델	C 250
차종	205
차량등록	2016년
주행거리	81,922km

☑ 그림 49.1 205 차량 전면

진단

1 계기판에 액티브 보닛 기능 이상 경고 메시지를 확인하였다.

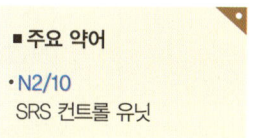

■ 주요 약어

• N2/10
SRS 컨트롤 유닛

✓ 그림 49.2 액티브 보닛 기능 이상 경고 메시지

2 Xentry 전용 진단기를 사용하여 전자 시스템을 점검 하였다. 그림 49.3에서 표시하듯이 N2/10(SRS 컨트롤 유닛) 내부에 B273013 : '좌측 리어 엔진 후드 리프터 기능에 이상이 존재한다. 단선이 존재한다. - 현재형 그리고 저장됨' 과 B273113 : '리어 우측 엔진 리프터 기능에 이상이 존재한다. 단선이 존재한다. - 현재형 그리고 저장됨'을 확인하였다.

N2/10 - Supplemental restraint system (SRS)				-F-
Model	Part number	Supplier	Version	
Hardware	205 901 83 08	Continental	13/41 000	
Software	205 902 79 05	Continental	14/31 000	
Software	205 903 32 00	Continental	14/20 000	
Boot software	---	---	12/49 000	
Diagnosis identifier	020400	Control unit variant	ORC222_Serie	
Fault	Text			Status
B273013	The squib for the left rear engine hood lifter has a malfunction. There is an open circuit.			A+S
	Name		First occurrence	Last occurrence
	Frequency counter		---	1
	Main odometer reading		77328km	81920km
	Number of ignition cycles since the last occurrence of the fault		---	0
B273113	The squib for the right rear engine hood lifter has a malfunction. There is an open circuit.			A+S
	Name		First occurrence	Last occurrence
	Frequency counter		---	1
	Main odometer reading		77328km	81920km
	Number of ignition cycles since the last occurrence of the fault		---	0
				A+S=CURRENT and STORED

✓ 그림 49.3 N2/10(SRS 컨트롤 유닛) 내부 고장 코드

3 액티브 엔진 후드 회로의 실제값을 확인해 보았다. 그림 49.4처럼 좌측과 우측의 리어 액티브 엔진 후드의 회로가 255.00Ω(규정 : 1.90 ~ 6.10Ω)으로 규정값을 초과해 있었다.

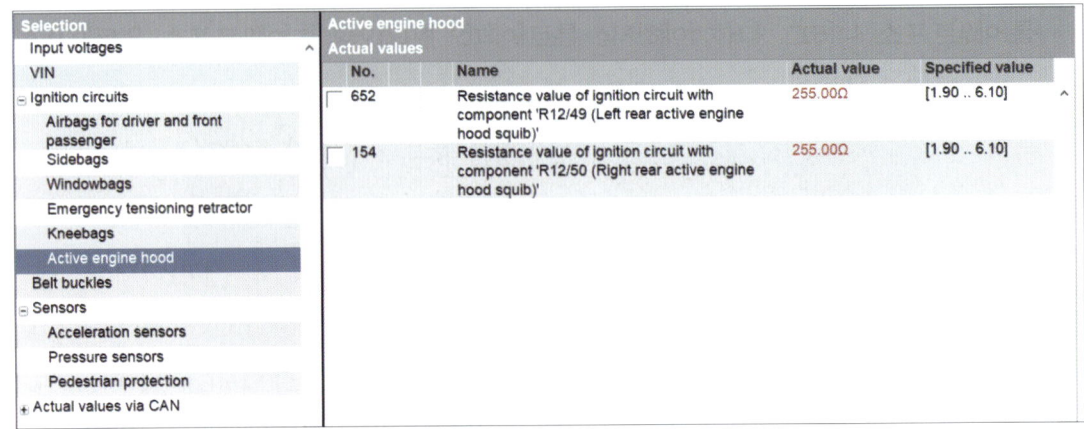

☑ 그림 49.4 액티브 엔진 후드 회로 저항 점검

4 액티브 엔진 후드 액추에이터를 육안으로 점검해 보니 이미 작동되어져 있었다.

☑ 그림 49.5 작동된 좌우 액티브 엔진 후드 액추에이터

5 그림 49.6는 액티브 엔진 후드 액추에이터가 작동하면서 동시에 보닛을 들어 올려서 변형된 힌지 레버를 보여주고 있다.

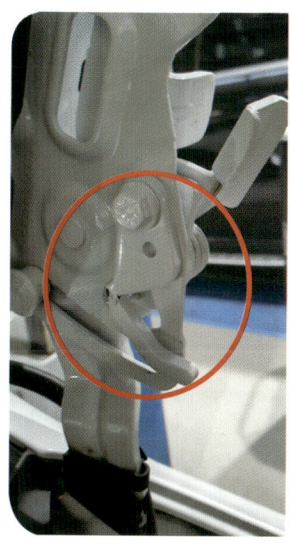
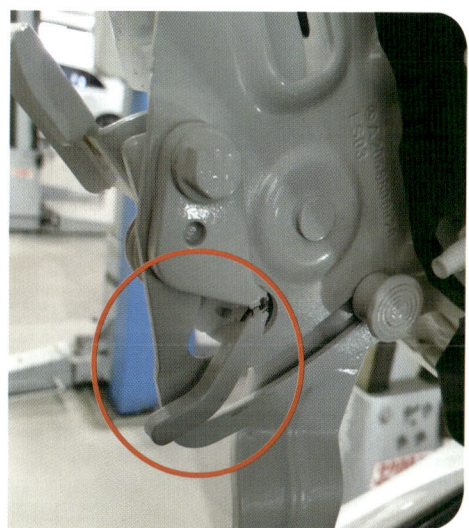

☑ 그림 49.6 변형된 좌우 보닛 힌지 레버

6 결과적으로 해당 차량은 저속 주행 중 앞 범퍼에 충격이 가해져서 보행자 보호 장치인 액티브 보닛의 액추에이터가 작동한 것으로 판단되었다.

7 우선 앞 범퍼 내부에 장착된 보행자 보호 센서를 탈착하여 점검 후 교환하였다.

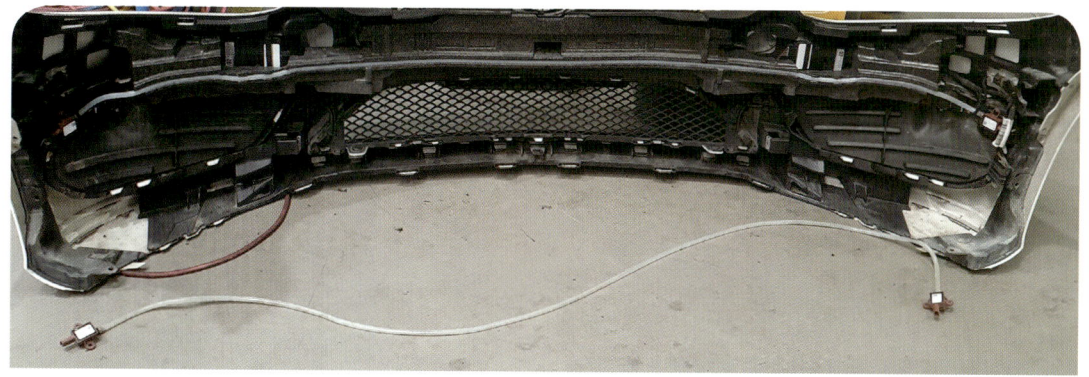

☑ 그림 49.7 보행자 보호 센서 교환

8 이미 작동한 액티브 보닛 액추에이터를 교환하였다.

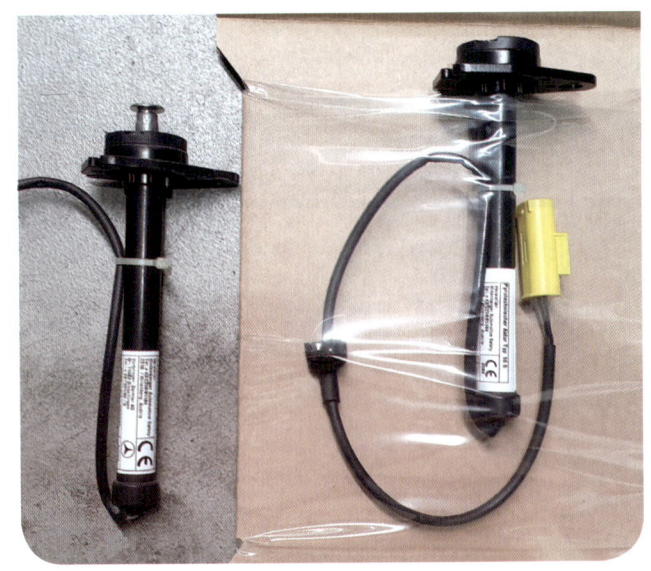

✅ 그림 49.8 액티브 보닛 액추에이터 구품과 신품

9 그리고 변형된 보닛 힌지 레버를 교환하였다.

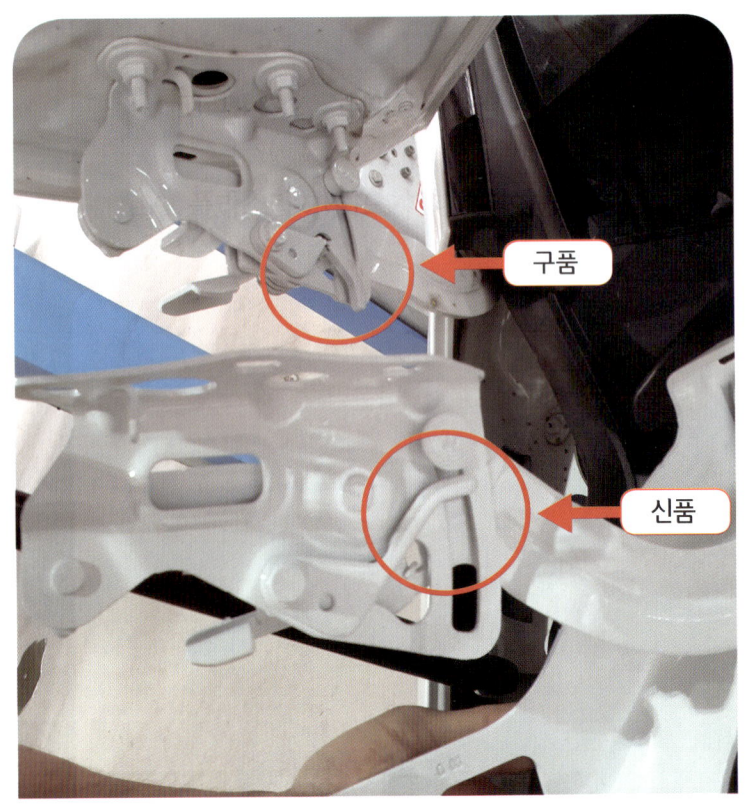

✅ 그림 49.9 보닛 힌지 구품과 신품

트러블의 원인과 수정사항

원인

1. 액티브 보닛 액추에이터, 보닛 힌지와 보행자 보호 센서가 작동하면서 변형되었다.

수정사항

1. **액티브 보닛 액추에이터, 보닛 힌지와 보행자 보호 센서**를 **교환**하였다.

참고

보닛 액추에이터는 일회성 부품이므로 작동 후 교환해야 한다. 그리고 보닛 힌지의 경우 페인트 도장이 필요하다.

Mercedes-Benz
176

50
ESP, 브레이크, 엔진 등 각종 경고등이 점등하였다

고객불만

차량 시동 시 ESP, 브레이크, 엔진 등의 각종 경고등이 점등하였다.

차량정보

모델	A 45 AMG
차종	176
차량등록	2017년
주행거리	13,500km

그림 50.1 176 차량 전면

진단

1. Xentry 전용 진단기를 사용하여 전자 시스템을 점검을 실시하였다. 변속기 컨트롤 유닛에서 다수의 고장 코드를 확인하였다.

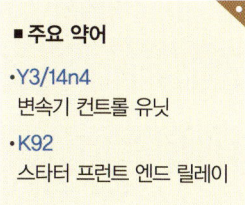

■ 주요 약어
- Y3/14n4
  변속기 컨트롤 유닛
- K92
  스타터 프런트 엔드 릴레이

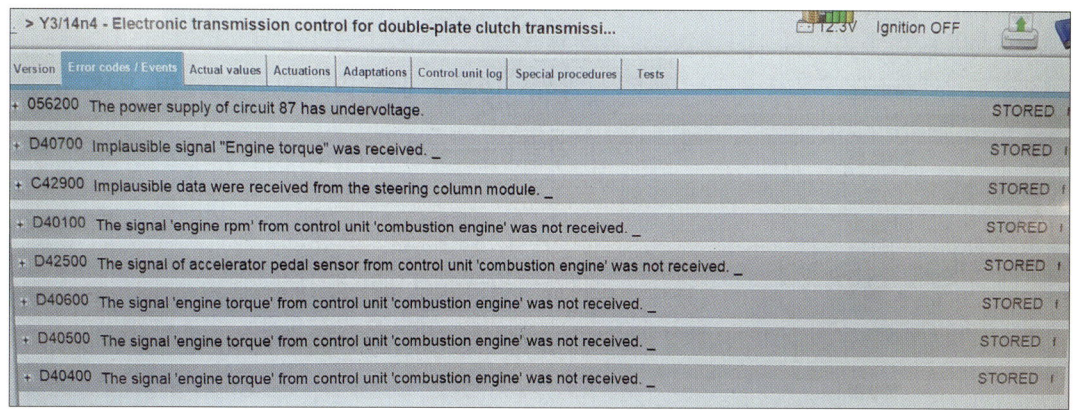

✓ 그림 50.2 Y3/14n4(변속기 컨트롤 유닛) 내부 고장 코드

2. 고장 코드에 의거하여 가이드 테스트를 실시하였다. W10(배터리 접지 포인트), W70(ESP 접지 포인트), W15/2(동반석 하단 접지 포인트), W11(엔진 접지 포인트), W3/7(전기식 파워 스티어링 접지 포인트)의 점검을 제시하였다.

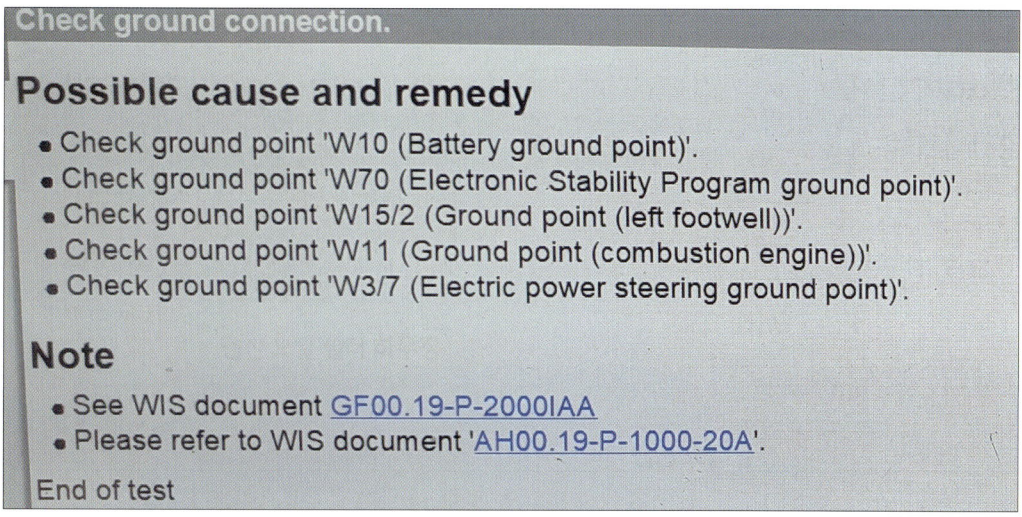

✓ 그림 50.3 접지 포인트 확인 위치

3 가이드 테스트에 의거하여 접지 포인트를 확인하였다. 약간의 페인트가 묻어 있으며 부식이 확인되어 클리닝을 실시하였다. 접지 포인트를 점검 시 특이 사항은 없었다.

☑ 그림 50.4
메인 접지 포인트 확인

4 차량의 접지를 점검하고 시동 테스트를 점검하는데 배터리 부근에서 틱틱 거리는 소음이 발생하며 시동이 한 번에 잘 걸리지 않았다. 재시동을 시도해도 크랭킹이 되다가 꺼지기도 하였다.

5 점검을 해보니 K92(스타터 프런트 엔드 릴레이)에서 작동이 불량함을 확인하였다.

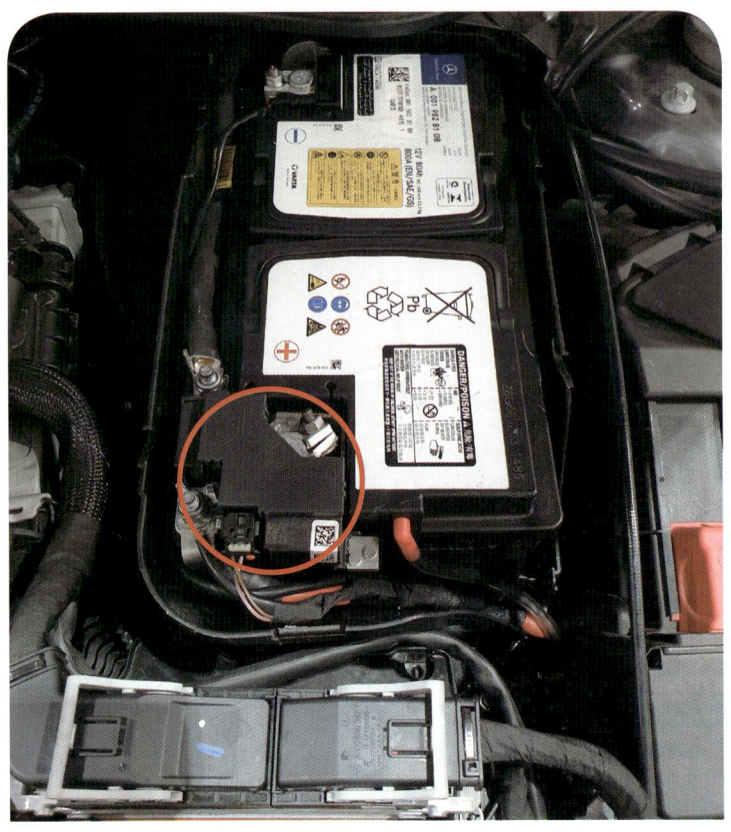

☑ 그림 50.5 메인 배터리와 K92(스타터 프런트 엔드 릴레이)

50. 각종 경고등 점등

6 스타터 전기 배선 회로를 확인하고 릴레이를 점검 하였다. K92(스타터 프런트 엔드 릴레이) 내부에 스위치가 2개 존재함을 확인할 수 있다. 릴레이 내부 스위치의 소손으로 판단되었다.

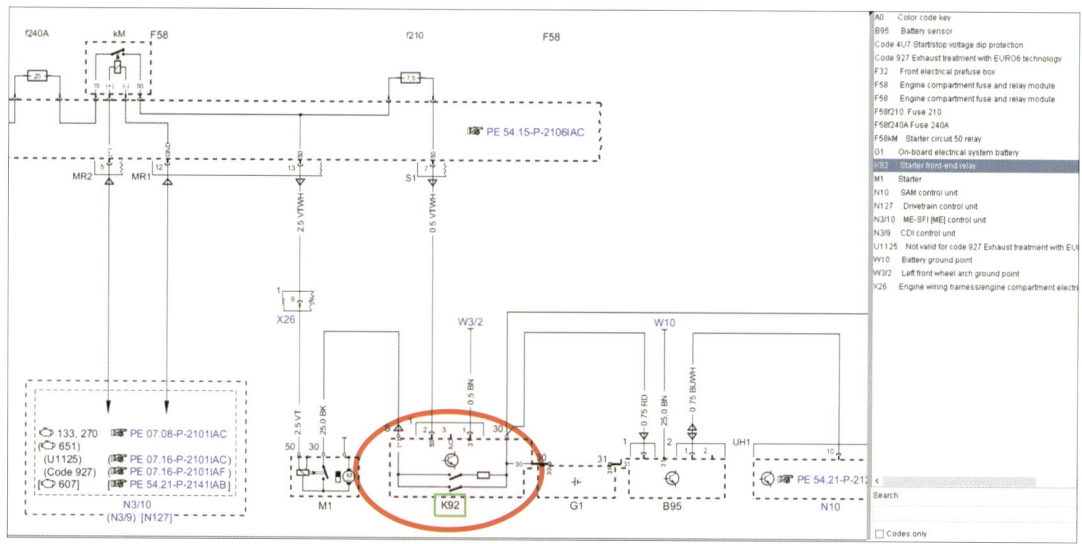

✓ 그림 50.6 스타터 전기 배선 회로

7 K92(스타터 프런트 엔드 릴레이)를 분해해 보니 릴레이의 콘택트 포인트에 열화가 발생되어 소손되어 있음을 확인하였다.

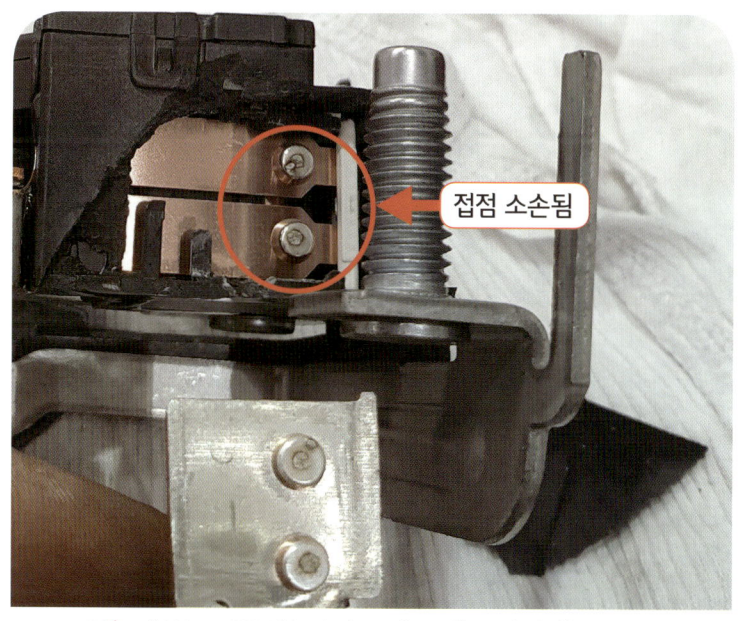

✓ 그림 50.7 K92(스타터 프런트 엔드 릴레이) 내부

8 K92(스타터 프런트 엔드 릴레이)를 교환한 후 증상은 해결되었다.

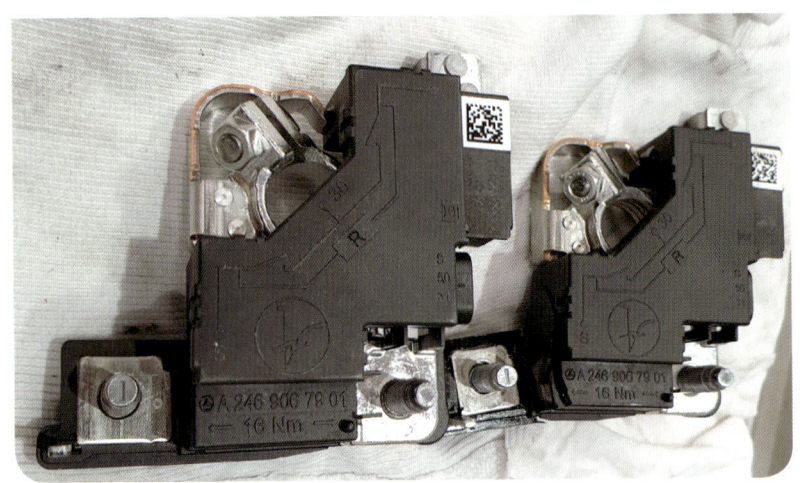

☑ 그림 50.8 스타터 프런트 엔드 릴레이(K92) 신품과 구품

트러블의 원인과 수정사항

원인

1. K92(스타터 프런트 엔드 릴레이)의 내부 콘택트 포인트가 소손되었다.

수정사항

1. K92(스타터 프런트 엔드 릴레이)를 **교환**하였다.

참고

1 엔진의 시동이 걸리지 않는 경우 우선 시동이 어떠한 상황에서 걸리지 않는지 증상을 충분히 파악해야 한다.
2 최근의 차량은 최적의 효율을 위하여 전원 소비 형태를 감시하고 제어하는 기능의 부품들이 장착되어 있다. 그러므로 배터리의 (+) 터미널과 (−) 터미널에 장착된 관련 부품의 기능에 관하여 점검과 확인이 필요하다.

3   K92(스타터 프런트 엔드 릴레이)가 배터리 (+) 터미널에 장착되어 있으므로 배터리 점검이나 교환시에 손상되지 않도록 주의해서 다루어야 한다.

4   호주에서 일하고 있을 때 위와 같은 증상으로 고생하던 직장 동료인 홍콩 출신의 Steve... 50대 중반인데 Meredes-Benz Sydney에서 20년 넘게 일하고 있으며 나와 비슷한 차량 진단 전문의 정비사인데 이 증상을 잘 몰라서 내가 답을 알려 주었더니 고맙다고 얘기하던 것이 아직도 생각이 난다. 경력이 아무리 많아도 본인이 경험을 해봐야 하나라도 더 배울 수 있다.

주요 사용 진단기

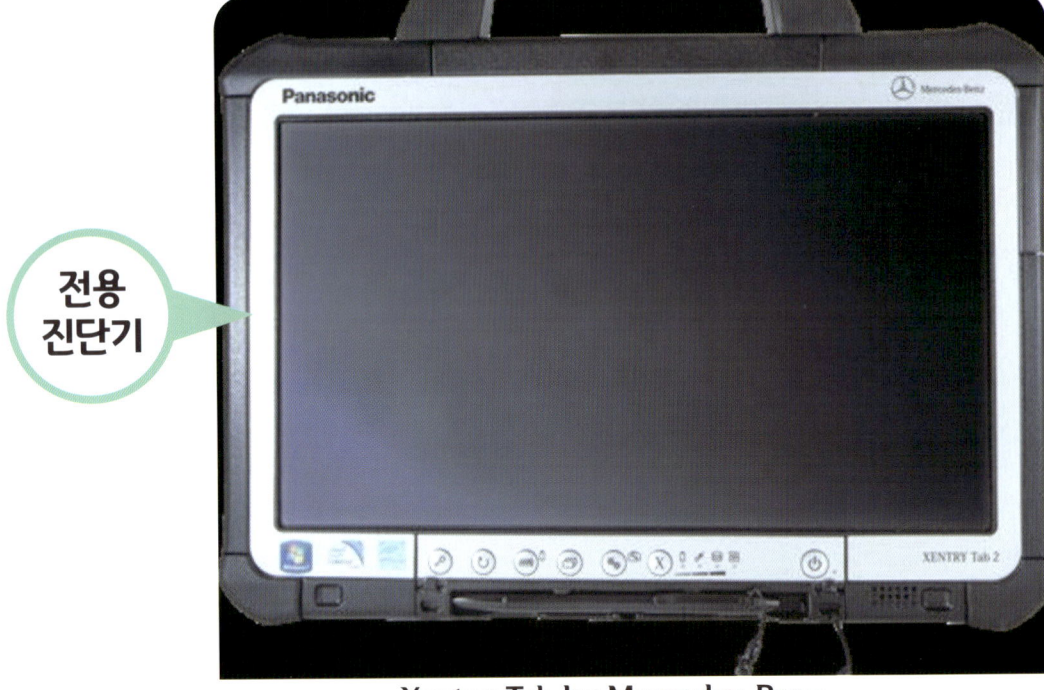

전용 진단기

Xentry Tab by Mercedes-Benz

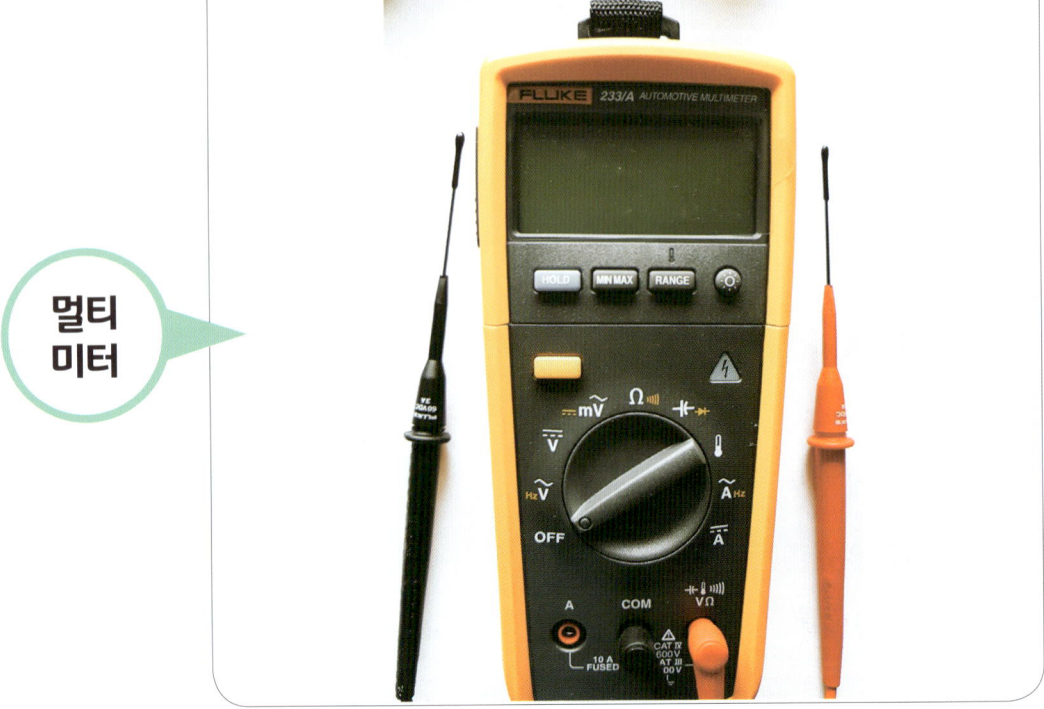

멀티 미터

FLUKE 233/A

주요 약어

E1n1 앞 좌측 전조등 컨트롤 모듈

A89 디스트로닉 컨트롤 모듈

N3/9 엔진 컨트롤 모듈(디젤, CDI)

N3/10 엔진 컨트롤 모듈(가솔린)

A1 계기판

N80 SCM 컨트롤 모듈

A80 ISM 컨트롤 모듈

Y3/8n4 VGS 컨트롤 모듈

N10/1 프런트 SAM

N10/2 리어 SAM

N70 오버 헤드 컨트롤 패널(OCP)

A40/3 Comand 컨트롤 모듈

N73 전자 점화 스위치(EIS)

N69/1 운전석 도어 컨트롤 모듈

M16/59 배기 플랩 액추에이터 모터

N62 주차 보조 컨트롤 유닛

PTS Park Tronic System(주차 보조 장치)

B48 동반석 시트 인식 센서

N22/6 리어 컨트롤 유닛

S84/19 소프트 탑 바우 록 리밋 스위치

M35/2 리어 카메라 커버 모터

A40/3 커맨드 온라인 컨트롤 유닛

N40/3 사운드 앰플리파이어 컨트롤 유닛

Z7/38 터미널 87 M1i 커넥터 슬리브

N10/1KC 회로 87 엔진 릴레이

N10/1KH 회로 50 스타터 릴레이

N3/10 엔진 컨트롤 유닛

N91 ECI 점화 시스템 파워 팩

N92/1 ECI 우측 점화 모듈

N92/2 ECI 좌측 점화 모듈

X30/21 드라이브 트레인 CAN 분배기

X30/38 드라이브 트레인 센서 CAN 분배기

X26 실내와 엔진 전기 배선 커넥터

N51 에어매틱 컨트롤 유닛

A9/1 에어매틱 컴프레서 모터

Y76/1 연료 인젝터 1번

Z7/5 회로 87 커넥터 슬리브

F58 엔진 룸의 퓨즈와 릴레이 박스

M55 흡기 포트 셧오프 모터

※ 차종에 따라 약간 다를 수 있음

저자 약력
모준범

☑ **충남 서산 출생**

☑ **학력**
- 서산공업고등학교
- 신성대학교
- 중부대학교대학원

☑ **경력**
- Mercedes-Benz 대전서비스센터 (한성) 2002 ~ 2017
- Mercedes-Benz Sydney (호주 시드니) 2018 ~ 현재

☑ **학술 논문**
- 승용 디젤 엔진에 장착된 SCR 장치의 고장 유형별 고찰 (2016)

☑ **강의 및 활동**
- 충북 영동 교육 지원청 진로 교육
- 한성자동차 사내 기술 교육
- TESDA XI 한국 - 필리핀 직업 훈련 센터 교육
- Team MEG 교육
- 수입차 정비 S.I.C.S. 교육
- 지방기능경기대회 심사 위원

☑ **국가 기술 자격 사항**
- 자동차 정비 기능사 (기관, 전기, 섀시)
- 자동차 정비 산업기사
- 자동차 정비 기사
- 자동차 정비 기능장
- 직업 능력 개발 훈련 교사 (차량정비)

☑ **Mercedes-Benz 자격 사항**
- Certified Mercedes-Benz Maintenance Technician (CMT)_공인 유지보수 전문가
- Certified Mercedes-Benz System Technician (CST)_공인 시스템 전문가
- Certified Mercedes-Benz Diagnosis Technician (CDT)_공인 진단 전문가

☑ **호주 기술 자격 사항**
- Certificate III in Light Vehicle Mechanical Technology

☑ **기술 경진 대회 수상 이력**
- 제2회 Mercedes-Benz 기술 경진 대회 ▷ 1위 (Mercedes-Benz Korea 주최)
- The 3rd HSMC Skill Contest ▷ 1위 (한성자동차 주최)

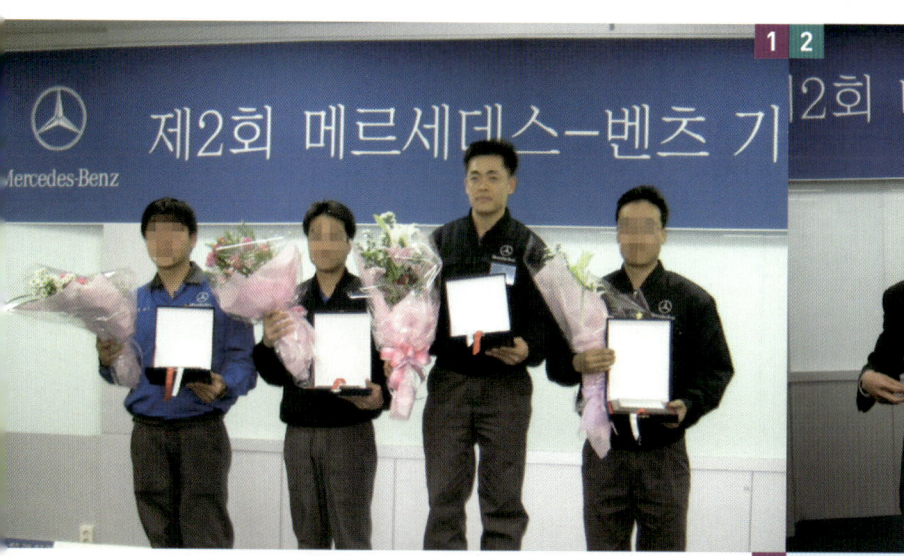

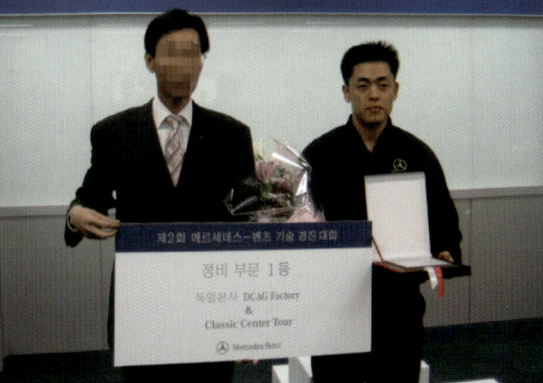

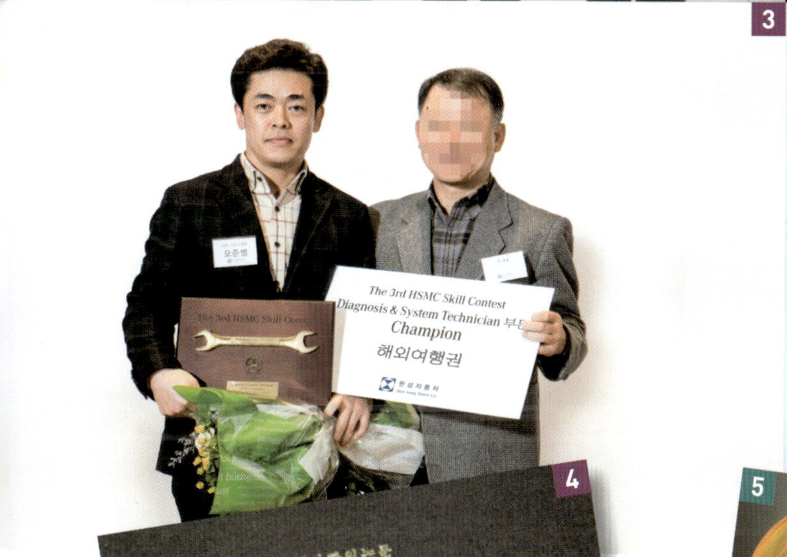

- ☑ 각종 입상 관련 (1,2,3)
- ☑ 석사 학위 논문 (4)
- ☑ MB 자격 사항 (5)

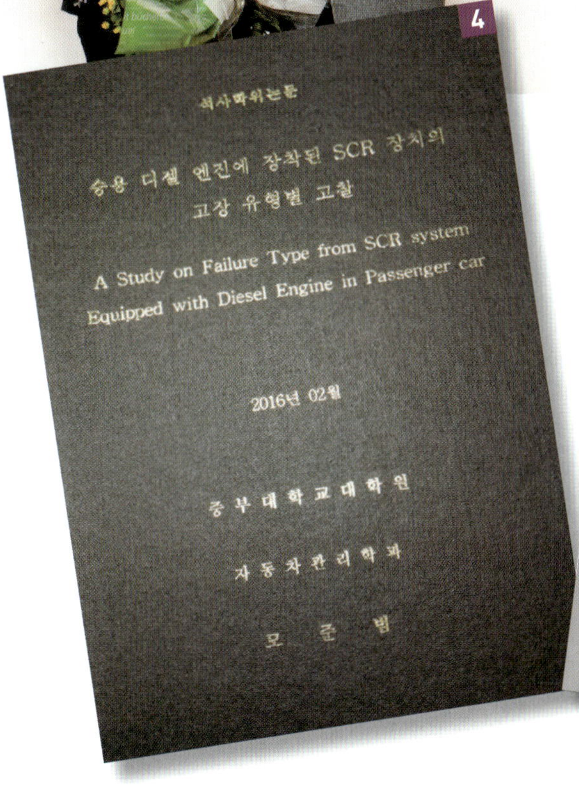
4

석사학위논문

승용 디젤 엔진에 장착된 SCR 장치의 고장 유형별 고찰

A Study on Failure Type from SCR system Equipped with Diesel Engine in Passenger car

2016년 02월

중부대학교대학원

자동차관리학과

모 준 범

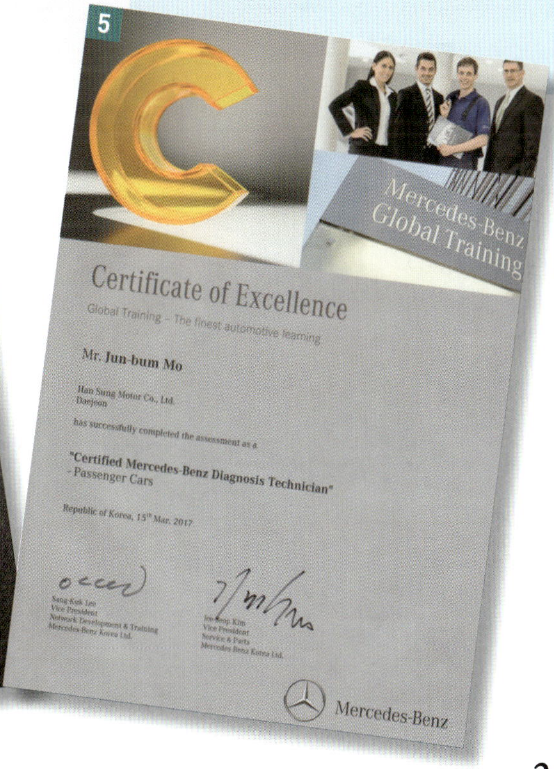
5

Certificate of Excellence

Global Training – The finest automotive learning

Mr. Jun-bum Mo

Han Sung Motor Co., Ltd.
Daejeon

has successfully completed the assessment as a

"Certified Mercedes-Benz Diagnosis Technician"
- Passenger Cars

Republic of Korea, 15th Mar. 2017

Sang-Kuk Lee
Vice President
Network Development & Training
Mercedes-Benz Korea Ltd.

Jin-Seop Kim
Vice President
Service & Parts
Mercedes-Benz Korea Ltd.

Mercedes-Benz

- 직업 진로 교육 (1,2,4)
- TESDA XI (한국-필리핀 직업 훈련 센터)의 센터장님과 함께 (3)
- TESDA XI 자동차과 사무실 (5)
- TESDA XI 졸업식 (6)
- TESDA XI 자동차과 학생들과 이론교육 (7)
- TESDA XI 자동차과 학생들과 실기교육 (8)
- TESDA XI 센터장님과 선생님 (9)

1

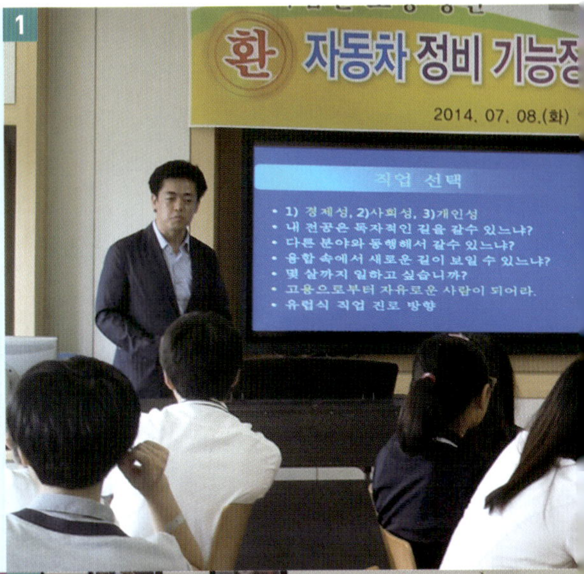

2

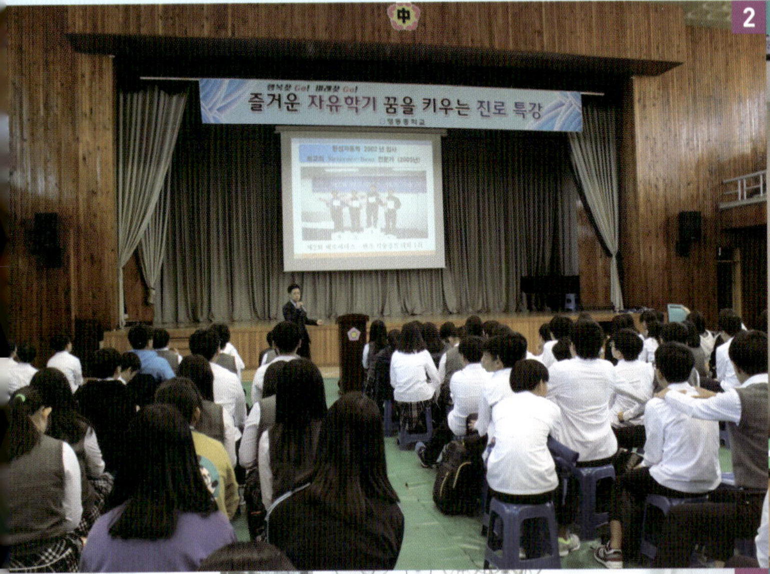

3

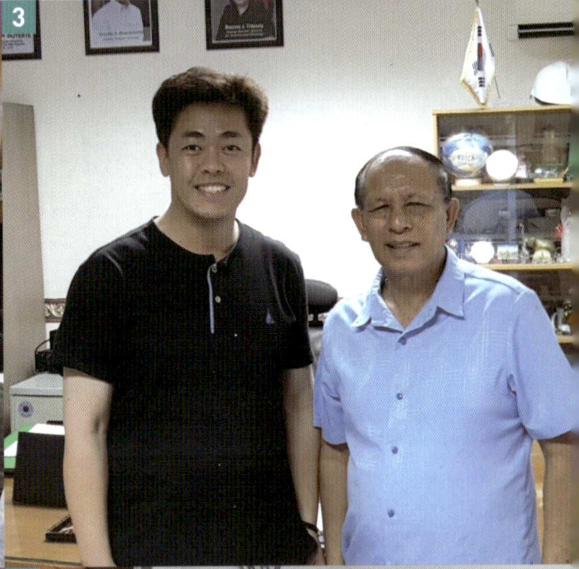

4

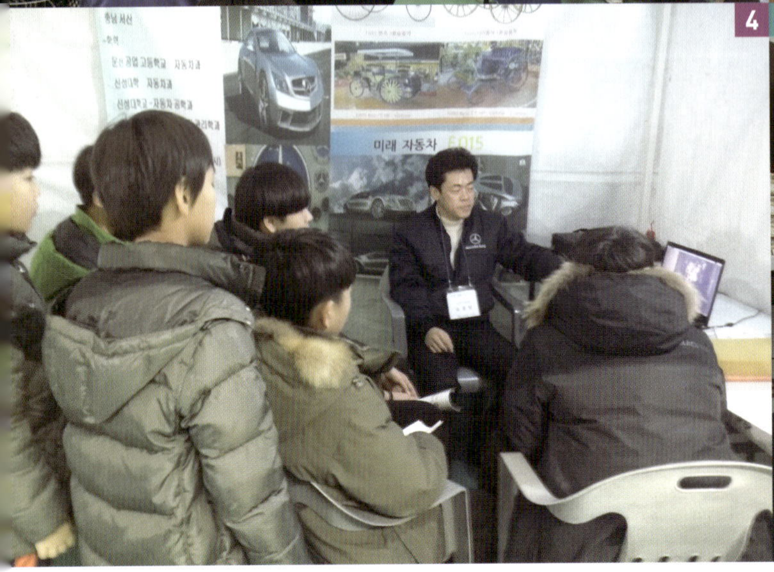

5

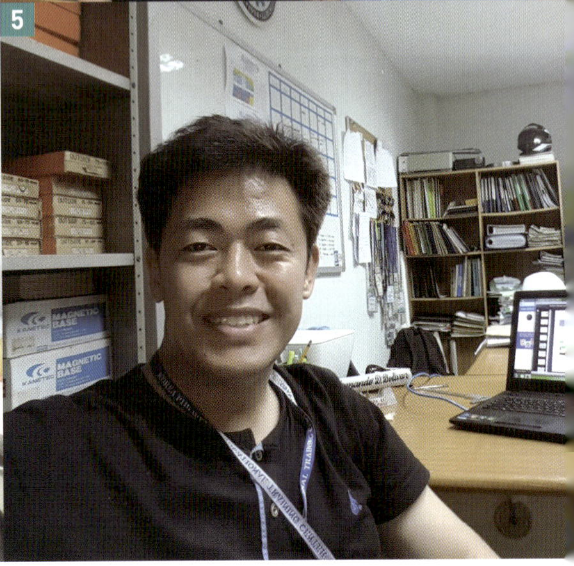

Korea-Philippines Vocational Training Center.
DAVAO : TESDA XI는 한국의 KOICA (한국 국제 협력단)에서 센터 설립을 지원하고 물질적 원조와 기술 교육을 실시하고 있다. 글로벌 역량에 맞추어 지속가능한 발전 및 인도주의를 실천하는것을 목표로 하고 있다. 글로벌 사회적 가치를 실천하는 대한민국 개발 협력 대표 기관이다.

- ☑ S.I.C.S 특강 (1,4)
- ☑ 삼광모터스 특강 (2)
- ☑ Mercedes-Benz Sydney 앞에서 (3)
- ☑ 본사 명예의 전당에 기록됨 - 한국 테크마스터 우승
   (Korea Tech Master) (5,7)
- ☑ 우승 상패 (6)
- ☑ Team MEG (팀메그) 특강 (8)

- ☑ 퇴사 기념 (1)
- ☑ 호주 본인의 공구박스와 전용진단기 (2)

Mercedes-Benz 정비이야기 50

초판 인쇄 | 2021년 01월 05일
초판 발행 | 2021년 01월 12일

지 은 이 | 모준범
발 행 인 | 김길현
발 행 처 | (주)골든벨
등   록 | 제 1987—000018 호   ⓒ 2021 Golden Bell
I S B N | 979-11-5806-473-0
가   격 | 30,000원

이 책을 만든 사람들

편 집 · 교 정	이상호, 박근수	디 자 인	안명철, 조경미, 김선아
제 작 진 행	최병석	웹 매 니 지 먼 트	안재명, 김경희
오 프 마 케 팅	우병춘, 이대권, 이강연	공 급 관 리	오민석, 정복순, 김봉식
회 계 관 리	이승희, 김경아		

㉾04316 서울특별시 용산구 원효로 245(원효로1가) 골든벨빌딩 5~6F
• TEL : 도서 주문 및 발송 02-713-4135 / 회계 경리 02-713-4137
   내용 관련 문의 02-713-7452 / 해외 오퍼 및 광고 02-713-7453
• FAX : 02-718-5510 • http : // www.gbbook.co.kr • E-mail : 7134135@naver.com

이 책에서 내용의 일부 또는 도해를 다음과 같은 행위자들이 사전 승인없이 인용할 경우에는
저작권법 제93조 「손해배상청구권」에 적용 받습니다.
① 단순히 공부할 목적으로 부분 또는 전체를 복제하여 사용하는 학생 또는 복사업자
② 공공기관 및 사설교육기관(학원, 인정직업학교), 단체 등에서 영리를 목적으로 복제·배포하는 대표, 또는 당해 교육자
③ 디스크 복사 및 기타 정보 재생 시스템을 이용하여 사용하는 자

※ 파본은 구입하신 서점에서 교환해 드립니다.